4-1

수학문제 해결을 위한 완벽한 전략

매쓰 두잉

MATH DOING +

수학적
사고력
신장 학습서

서사원주니어

들어가며 ✏️

우리는 '34＋2', '12×3'과 같이 수와 연산기호로 이루어진 문제의 답을 고민 없이 구할 수 있습니다. 누구나 아는 쉬운 규칙이기 때문이지요. 하지만 이것은 수학의 세계로 들어가는 입구에 불과합니다. 수식으로 제시된 문제와 달리 문장제 문제는 학생 스스로 주어진 상황에 필요한 수학 개념을 떠올려 답을 구해야 합니다. 학생들은 이러한 문제를 해결해내면서 수학적 사고력이 신장되고, 나아가 세상을 새롭게 해석할 수 있게 됩니다.

이것이 우리가 수학을 학습하는 최종 목표라고 할 수 있습니다. 그리고 이를 가능하게 하는 것은 바로 '내가 수학을 하는' 경험입니다. 학생 자신의 힘으로 수학 문제를 해결하는 경험을 쌓으며 스스로 문제해결의 주인이 되어야만 이 단계에 이를 수 있습니다.

《매쓰 두잉》(Math Doing)은 개념 학습을 끝낸 후, 학생들이 수학 문제해결력을 신장시킬 수 있는 긍정적인 경험을 할 수 있도록 구성된 교재입니다. '이 문제를 어떻게 풀 것인가' 하는 고민을 문제를 만나는 순간부터 답을 구하고 확인하는 내내 하게 되지요.

문제해결의 4단계(문제 이해－계획 수립－실행－확인)를 고안한 폴리아(George Pólya, 헝가리 수학자, 수학 교육자)에 따르면, 수학적 사고 신장은 '수학 문제의 해법 추측과 발견의 과정'을 통해 이루어집니다. 이에 본 교재는 학생들이 문제를 이해하고 어떻게 풀 것인가를 계획하는 과정에서 추측과 발견의 기회를 가질 수 있도록 다음과 같은 방법을 제시합니다.

첫째, 식 세우기, 표 그리기, 예상하고 확인하기, 그림 그리기 등 다양한 문제해결의 전략을 단계적으로 학습할 수 있도록 합니다.

둘째, 이 학습 단계는 총 4단계로 구성됩니다. 1단계에서는 교재가 도움을 제공하지만 단계가 올라갈수록 문제해결의 주체가 점점 학생 본인으로 옮겨 가게 됩니다. 이는 비고츠키(Lev Semenovich Vygotsky, 구소련 심리학자)의 '근접발달영역'이라는 인지 이론을 바탕으로 한 것입니다.

셋째, 《매쓰 두잉》만의 '문제 그리기' 방법입니다. 문제해결을 위해 문제의 정보를 말이나 수, 그림, 기호 등을 사용하여 표현해 보는 것입니다. 이를 통해 문제 정보를 제대로 이해하고 '어떻게 문제를 풀 것인가'에 대한 계획을 세우는 기회를 가질 수 있습니다.

이와 같은 방법을 통해 많은 학생들이 진정으로 수학을 하는 경험을 가질 수 있을 것이라는 기대로 이 문제집을 세상에 내어놓습니다.

2025년 1월

박 현 정

《매쓰 두잉》의 구성

《매쓰 두잉》에서는 3~6학년의 각 학기별 내용을 3개의 파트로 나누어 학습하게 됩니다. 한 파트는 총 4단계의 문제해결 과정으로 진행됩니다. 각 단계는 교재가 제공하는 도움의 정도에 따라 나누어집니다.

PART1
수와 연산

PART2
도형과 측정

PART3
변화와 관계,
자료와 가능성

준비 단계 개념 떠올리기

해당 파트의 주요 개념과 원리를 떠올리기 위한 기본 문제입니다.

STEP 1 내가 수학하기 배우기

아무런 도움 없이 스스로 알맞은 전략을 선택, 사용하여 사고력 문제해결에 도전합니다.

❶ 전략 배우기 ⋯⋯⋯⋯⋯⋯⋯⋯⋯⋯⋯⋯⋯⋯

파트마다 5~6개의 전략을 두 번에 나누어 학습합니다.

식 만들기 그림 그리기 표 만들기 거꾸로 풀기

단순화하기 규칙 찾기 예상하고 확인하기

문제정보를 복합적으로 나타내기

❷ 전략을 사용해 문제 풀기 ⋯⋯⋯⋯⋯⋯⋯⋯⋯⋯

교재의 도움을 받아 문제를 이해하고 표현해 봅니다.

🖼 **문제 그리기** 불완전하게 제시된 말이나 수, 다이어그램 등을 보고 □ 안에 적합한 수, 기호 등을 넣으며 해법을 계획합니다.

🔢 **계획-풀기** 제시된 풀이 과정에서 틀린 부분을 찾아 밑줄을 긋고 바르게 고칩니다.

💡 **확인하기** 적용한 전략을 다시 떠올립니다.

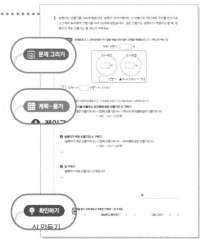

내가 수학하기 해보기

‘문제 그리기’와 ‘계획–풀기’에만 도움이 제공됩니다.

📷 **문제 그리기** 불완전하게 제시된 말이나 수, 다이어그램 등을 보고 □ 안에 적합한 수, 기호 등을 넣으며 해법을 계획합니다.

🔲 **계획–풀기** 해답을 구하기 위한 단계만 제시됩니다. 과정은 스스로 구성해 봅니다.

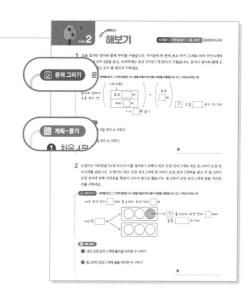

내가 수학하기 한단계 UP

‘문제 그리기’에만 도움이 제공됩니다.

📷 **문제 그리기** 불완전하게 제시된 말이나 수, 다이어그램 등을 보고 □ 안에 적합한 수, 기호 등을 넣으며 해법을 계획합니다.

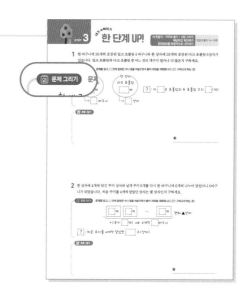

내가 수학하기 거뜬히 해내기

아무런 도움 없이 스스로 알맞은 전략을 선택, 사용하여 사고력 문제해결에 도전합니다.

핵심 역량 **말랑말랑 수학**

유연한 주제로 재미있게 수학에 접근해 봅니다. Part1에서는 문제해결과 수–연산 감각, Part2에서는 의사소통, Part3에서는 추론 및 정보처리를 다룹니다.

《매쓰 두잉》의 문제해결 과정

《매쓰 두잉》에서 제시하는 문제해결의 과정은 다음과 같습니다.

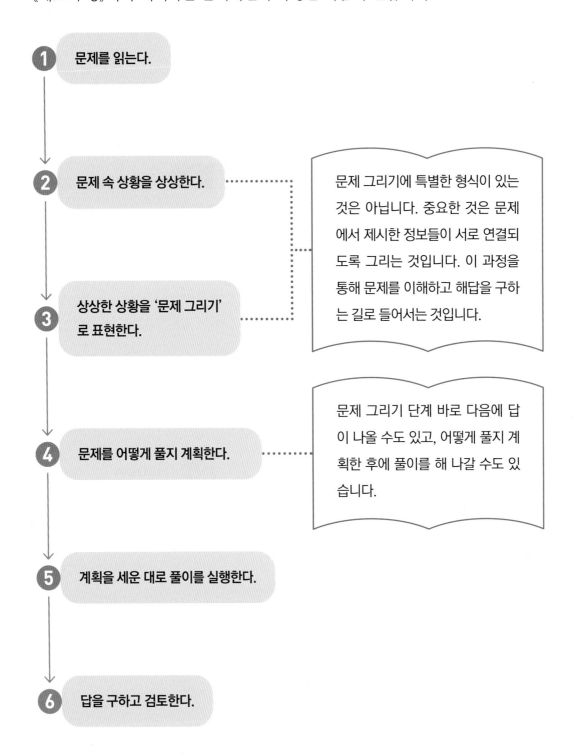

1 문제를 읽는다.

2 문제 속 상황을 상상한다.

3 상상한 상황을 '문제 그리기'로 표현한다.

> 문제 그리기에 특별한 형식이 있는 것은 아닙니다. 중요한 것은 문제에서 제시한 정보들이 서로 연결되도록 그리는 것입니다. 이 과정을 통해 문제를 이해하고 해답을 구하는 길로 들어서는 것입니다.

4 문제를 어떻게 풀지 계획한다.

> 문제 그리기 단계 바로 다음에 답이 나올 수도 있고, 어떻게 풀지 계획한 후에 풀이를 해 나갈 수도 있습니다.

5 계획을 세운 대로 풀이를 실행한다.

6 답을 구하고 검토한다.

농장에 있는 양들을 한 무리에 40마리씩 나누어야 합니다. 그런데 잘못해서 34마리씩 나누었더니 21개의 무리가 생기고, 20마리의 양이 남았습니다. 올바르게 나누었다면 몇 개의 무리가 생기고, 남는 양은 몇 마리였을까요?

1 **문제를 읽는다.**

‘농장에 있는 양들을 한 무리에 40마리씩 나누어야 합니다. 그런데 잘못해서 34마리씩 나누었더니 21개의 무리가 생기고, 20마리의 양이 남았습니다. 올바르게 나누었다면 몇 개의 무리가 생기고, 남는 양은 몇 마리였을까요?’

2 **문제 속 상황을 상상한다.**

실제로 양들을 무리로 나누는 상황을 상상하며, 원래 나누었어야 하는 방법과 잘못 나눈 방법을 생각해 봅니다. 이 과정을 통해 실제 양의 수를 구할 수 있다는 생각에 도달하게 됩니다.

3 **상상한 상황을 ‘문제 그리기’로 표현한다.**

문제 정보와 구하고자 하는 것이 모두 들어가도록 수나 도형, 화살표, 기호 등으로 나타냅니다.

📷 **문제 그리기**

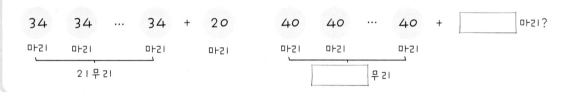

4 **문제를 어떻게 풀지 계획한다.**

식 만들기, 거꾸로 풀기, 단순화하기 등 문제에 알맞은 전략을 선택합니다.

5 **계획을 세운 대로 풀이를 실행한다.**

이 문제에서는 무리를 잘못 나눈 경우를 ‘식 만들기’로 표현하여 전체 양의 수를 구한 후, 다시 올바르게 무리를 나눔으로써 몇 개의 무리가 생기고 남는 양은 몇 마리인지 구할 수 있습니다.

➗ **계획-풀기**

$34 \times 21 = 714$
$714 + 20 = 734$
$734 \div 40 = 18 \cdots 14$
따라서 양들은 모두 734마리이며, 18무리로 나눌 수 있고, 14마리가 남는다는 답을 얻습니다.

6 **답을 구하고 검토한다.**

문제와 ‘문제 그리기’를 다시 읽으며 풀이 과정을 검토하고 구한 답이 맞는지 확인합니다. 이때 실수를 찾아내거나 다른 풀이 과정을 생각해낼 수도 있습니다.

답 **18무리, 14마리**

차례

수와 연산

도형과 측정

변화와 관계 / 자료와 가능성

단원 연계

3학년 2학기

곱셈
- (세 자리 수)
  × (한 자리 수)
- (두 자리 수)
  × (두 자리 수)

나눗셈
- (두 자리 수)
  ÷ (한 자리 수)

4학년 1학기

큰 수
- 다섯 자리 수
- 십만, 백만, 천만
- 억, 조

곱셈과 나눗셈
- (세 자리 수) × (몇십)
- (세 자리 수)
  × (두 자리 수)
- 몇십으로 나누기
- 몇십몇으로 나누기

4학년 2학기

분수의 덧셈과 뺄셈
- 분모가 같은 분수
  의 덧셈과 뺄셈

소수의 덧셈과 뺄셈
- 소수 한 자리 수의
  덧셈과 뺄셈
- 소수 두 자리 수의
  덧셈과 뺄셈

이 단원에서 사용하는 전략

- 예상하고 확인하기
- 식 세우기
- 거꾸로 풀기
- 표 만들기
- 단순화하기·규칙 찾기
- 문제정보 복합적으로 나타내기

PART ① 수와 연산

관련 단원 큰 수 | 곱셈과 나눗셈

개념 떠올리기

큰 수도 알고 보면 간단!

1 큰 수를 읽을 때는 4자리씩 끊어 읽습니다. 수를 읽으세요.

9876543201 ➡ (   )

2 나타내는 수를 쓰고, 다른 수를 하나 찾아 기호를 쓰세요. (   )

㉠ 100만이 100개인 수　➡　(   )

㉡ 1만이 10000개인 수　➡　(   )

㉢ 1000이 10000개인 수　➡　(   )

㉣ 10이 10000000개인 수　➡　(   )

3 얼마씩 뛰어서 센 수인지 생각하여 □ 안에 알맞은 수를 써넣으세요.

| 110억 | 112억 | 114억 | ☐억 |

지구에서 태양까지의 거리는 얼마일까요?
약 1억 5천만 km(킬로미터)래요.
이걸 수로 나타내면 150000000 km예요.
0이 7개나 된다고요!

4 각 자리의 숫자가 나타내는 값의 합으로 수를 나타낼 수 있습니다. ☐ 안에 알맞은 수를 써넣으세요.

$$45982 = 40000 + \boxed{} + 900 + \boxed{} + 2$$

5 56009235에서 백만을 나타내는 숫자와 수를 차례대로 쓰세요.

(   ), (   )

6 수직선을 보고 두 수의 크기를 비교하여 ◯ 안에 >, =, <를 알맞게 써넣으세요.

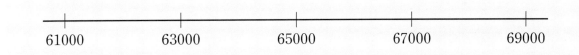

❶ 61000 ◯ 65000   ❷ 63000 ◯ 67000   ❸ 67000 ◯ 69000

7 두 수의 크기를 비교하여 ◯ 안에 >, =, <를 알맞게 써넣으세요.

❶ 38663421 ◯ 8977699   ❷ 169278587 ◯ 169780432

엄마가 계산기에 입력하는 수를 봤어요.
글쎄 이억 사천구백이십팔만 이천육을 입력하는데 숫자 2를 세 번이나 누르시더라고요. 이억 사천구백이십팔만 이천육은 249282006으로 쓰니까 숫자 2는 세 번 들어가지만 자리에 따라 나타내는 값은 이억, 이십만, 이천으로 달라요.

8 ☐ 안에 알맞은 수를 써넣으세요.

❶ $782 \times 6 =$ ☐

$782 \times 600 =$ ☐ ⟵ 100배

❷

$$
\begin{array}{r}
8 \ 4 \ 5 \\
\times \quad 3 \ 7 \\
\hline
\boxed{} \leftarrow 845 \times 7 \\
\boxed{} \ 0 \leftarrow 845 \times 30 \\
\hline
\boxed{} \leftarrow 845 \times 37 \\
\end{array}
$$

❸ $360 \div 40 =$ ☐

$36 \div 4 =$ ☐

❹

몫을 1 크게 →

$$
\begin{array}{r}
8 \\
57\overline{)\ 5 \ 2 \ 9} \\
4 \ 5 \ 6 \\
\hline
7 \ 3 \\
\end{array}
$$

$$
\begin{array}{r}
\boxed{} \\
57\overline{)\ 5 \ 2 \ 9} \\
\boxed{} \\
\hline
\boxed{} \\
\end{array}
$$

9 과일 맛 사탕이 236개 있습니다. 한 봉지에 37개씩 넣으려고 합니다. 최대 몇 봉지를 만들 수 있고, 그때 몇 개가 남는지 구하세요.

식 ＿＿＿＿＿＿＿＿＿＿＿＿＿＿＿＿＿＿＿＿＿

답 ☐ 봉지를 만들고, ☐ 개가 남습니다.

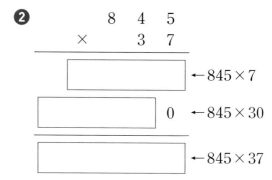

식탁 위에 있는 레몬 맛 사탕의 수를 하나씩 세려다가 8개씩 묶음을 만들었어요. 그랬더니 8개씩 12묶음과 6개가 남았어요. 히히 이제 몇 개인지 알아요. 8×12=96에 남은 수 6을 더하니까 96+6=102예요. 레몬 맛 사탕은 102개 있어요!

예상하고 확인하라고?

문제를 풀기 전에 먼저 그 답을 예상해요. 그리고 그 예상이 맞는지 '계산'을 통해 확인하지요. 이 과정을 반복해서 답을 찾는 전략이 '예상하고 확인하기'랍니다. 확인했는데 틀리면 어떻게 하냐고요? 반복하면 돼요. 답이 맞을 때까지 예상과 확인을 반복하는 방법입니다.

어떤 순서로 예상하고 확인해야 하는 거냐고요?
먼저, 답을 예상해 보는 거예요.
그다음은 내가 한 예상이 문제의 조건과 맞는지 확인해야 해요.
그리고 그 결과가 문제의 조건에 맞는지 확인합니다.

조건에 맞지 않으면 어떻게 해요?

어떻게 하긴요! 다시 생각해야지요.
다른 수나 방법을 추측해요.
미리 생각해 보는 거니까 예상을 하는 거예요.
답이 맞을 때까지 계속~

예상하고 확인을 반복!

15

1 수 카드 [0], [1], [3], [4], [5], [6], [9] 를 사용하여 조건에 맞는 가장 작은 수를 만드세요.

> • 8자리 수이고, 백의 자리 숫자는 0입니다.
>
> • 십만의 자리 숫자와 천의 자리 숫자는 같습니다.
>
> • 수 카드 하나만 2번 사용하고 나머지 카드는 한 번씩만 사용합니다.

[문제 그리기] 문제를 읽고, □ 안에 알맞은 수나 말을 써넣으면서 풀이 과정을 계획합니다. (⍰: 구하고자 하는 것)

```
              ┌──┐
              │  │ 숫자
         ┌────┴────┐
   ┌──┐ ○ ○ ○ │ ○ ┌──┐ ○ ○
   │  │        │   │  │
   └──┘       만   └──┘
```

⍰ : 조건에 맞게 □ , □ , □ , 4, 5, □ , □ 를 사용한 가장 작은 □ 자리 수

[계획-풀기] 틀린 부분에 밑줄을 긋고, 그 부분을 바르게 고친 것을 화살표 오른쪽에 씁니다.

❶ 주어진 조건을 만족하는 7자리 수를 만들기 위해 3번 사용할 수 카드를 정하고 가장 큰 수를 나열합니다.

→

❷ 가장 큰 수를 만들기 위해 한 수를 3번 사용할 수 있으므로 그 수를 9로 정할 수 있습니다.

→

❸ 따라서 조건을 만족하는 가장 큰 수는 9969054입니다.

→

답
_____

[확인하기] 문제를 풀기 위해 배워서 적용한 전략에 ○표 하세요.

식 세우기 ( )   예상하고 확인하기 ( )   거꾸로 풀기 ( )

2 곱셈식에서 ㉠, ㉡, ㉢, ㉣, ㉤, ㉥에 알맞은 수를 각각 구하세요.

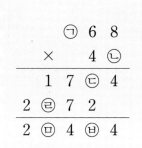

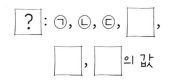

📅 문제 그리기 문제를 읽고, □ 안에 알맞은 수나 기호를 써넣으면서 풀이 과정을 계획합니다. (🔲: 구하고자 하는 것)

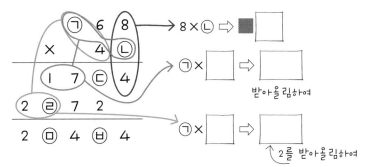

🎛 계획-풀기 틀린 부분에 밑줄을 긋고, 그 부분을 바르게 고친 것을 화살표 오른쪽에 씁니다.

❶ 8과 ㉡의 곱에서 일의 자리 수가 4인 ㉡은 3과 6입니다.

→

❷ ㉡=3이면 68×3=204이므로 ㉠68×3=1704를 만족하는 ㉠은 없습니다.

→

❸ ㉡=8이면 68×8=544이므로 ㉠68×8=1744를 만족하는 ㉠은 있습니다.

→

❹ ㉡=3이고 ㉠=5, ㉢=3입니다.

→

❺ ❶~❹를 바탕으로 곱셈을 하면 나머지 수들을 구할 수 있습니다.

$$\begin{array}{r} 5\ 6\ 8 \\ \times\quad 4\ 3 \\ \hline 1\ 7\ 0\ 4 \\ 2\ 3\ 8\ 2 \\ \hline 2\ 5\ 5\ 2\ 4 \end{array}$$ →

❻ 따라서 ㉣=3, ㉤=5, ㉥=2입니다.

→

답 ㉠:   , ㉡:   , ㉢:   , ㉣:   , ㉤:   , ㉥:

💡 확인하기 문제를 풀기 위해 배워서 적용한 전략에 ○표 하세요.

식 세우기 (   )   예상하고 확인하기 (   )   거꾸로 풀기 (   )

식을 세우라고?

문제를 읽고 바로 계산할 때가 많지요? 빨리 풀고 싶어서 그러는 것은 알아요. 하지만 그렇게 하면 정말 실수가 많아요.

그렇게 급하게 계산만 하려고 하지 말고, 어떻게 풀 것인지 식을 세워서 계획한 후 계산하는 거지요. 그러면 실수가 줄어들고, 어려운 문제도 풀 수 있답니다.

해 보세요. 정말로!

수학 문제를 읽으면 가장 먼저 무엇을 하나요?

무조건 계산 아닌가요?

하하~ 옳지 않아요!
가장 먼저 어떻게 풀지 생각을 하고, 계획을 한 후, 그 계획에 따라 계산해야 합니다.
'식 세우기'라는 계획을 세워서 차근차근 문제를 풀어나가는 거예요.

이제부터는 식부터 꼭 세운 다음 계산해야겠어요.

1 올해 2월까지 현정이의 저금통에 86500원이 들어 있었습니다. 현정이가 3월부터 매월 똑같은 금액을 7월까지 저금하였더니 저금통에 들어 있는 돈은 164500원이었습니다. 현정이가 매월 저금한 금액은 얼마인지 구하세요.

📷 문제 그리기 문제를 읽고, □ 안에 알맞은 수나 말을 써넣으면서 풀이 과정을 계획합니다. (②: 구하고자 하는 것)

월	저금한 돈(원)	저금통에 들어 있는 돈(원)
2월		86500
3월	■	86500+■
4월	■	☐+■+■
5월	■	☐+■+■+■
6월	■	☐+■+■+■+■
7월	■	☐+■+■+■+■+■=☐

? : 매 ☐ ☐ 한 금액(■원)

🔢 계획-풀기 틀린 부분에 밑줄을 긋고, 그 부분을 바르게 고친 것을 화살표 오른쪽에 씁니다.

❶ 2월부터 7월까지 저금한 금액을 먼저 구합니다.

→

❷ 2월부터 7월까지 저금한 금액은 86500＋165500＝252000(원)입니다.

→

❸ 6개월 동안 매월 저금한 금액은 252000÷6＝42000(원)입니다.

→

❹ 따라서 현정이가 매월 저금한 금액은 42000원입니다.

→

답 _____

💡 확인하기 문제를 풀기 위해 배워서 적용한 전략에 ○표 하세요.

거꾸로 풀기 (　　) 　　　　예상하고 확인하기 (　　) 　　　　식 세우기 (　　)

2 미술 선생님께서 4학년 전체 학생을 몇 모둠으로 나누고 준비한 색종이를 한 모둠에 76장씩 나누어 주었더니 색종이를 열두 모둠만 가지고 4장이 남았습니다. 다시 색종이를 한 모둠에 48장씩 나누어 주었더니 몇 장이 남았다면 몇 모둠에게 나누어 주고 몇 장이 남았는지 구하세요.

📷 문제 그리기 문제를 읽고, □ 안에 알맞은 수나 말을 써넣으면서 풀이 과정을 계획합니다. (☐: 구하고자 하는 것)

〈색종이 수〉   〈같은 색종이 수〉

(준비한   한 모둠 한 모둠   한 모둠   한 모둠   한 모둠   한 모둠
 색종이)   (76장) (76장) · · · (76장) + □장 ⇒ (□장) (□장) · · · (□장) +●장

                    12모둠

?: 색종이를 한 모둠에 □ 장씩 나누어 줄 때 □ 수와 □ 색종이 수

🔳 계획-풀기 틀린 부분에 밑줄을 긋고, 그 부분을 바르게 고친 것을 화살표 오른쪽에 씁니다.

❶ 전체 색종이 수를 □장이라 하고, 나눗셈식으로 나타내면 □÷78=12…4입니다.

→

❷ 전체 색종이 수를 구하기 위한 식은 78×12=936, 936+4=940(장)입니다.

→

❸ 전체 색종이는 940장입니다.

→

❹ 색종이를 몇 모둠에게 나누어 주고 몇 장이 남았는지는 940÷48=19…28로 구합니다.

→

❺ 따라서 색종이를 아홉 모둠에게 나누어 주고 28장이 남았습니다.

→

답 _____,_____

💡 확인하기 문제를 풀기 위해 배워서 적용한 전략에 ○표 하세요.

거꾸로 풀기　　(　　)　　　　　　예상하고 확인하기　　(　　)　　　　　　식 세우기　　(　　)

거꾸로 풀라고?

'거꾸로 풀기'는 결과를 보고 어떻게 계산했는지를 거꾸로 생각하는 거예요.
예를 들어 '어떤 수에 3을 더하여 5가 되었습니다.'라고 하면, 거꾸로 5에서 3을 빼서 어떤 수가 2인 것을 구할 수 있습니다. 이렇게 계산 순서를 거꾸로 하여 답을 구하는 방법이에요.

거꾸로 풀기는 □÷3=6에서 □를 구하기 위한 계산 방법을 생각하는 것과 같아요.
□를 3으로 나누어 6이라면 □는 6과 3의 곱이에요.

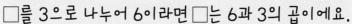

아하! 답에서부터 거꾸로 계산을 하는 거군요.
어떤 수에 더해서 답이 나왔으면 빼고,
빼서 답이 나왔으면 더해요.
그려면 어떤 수와 곱해서 답이 나왔으면 나누나요?

맞아요! 문제에서 제시한 계산의 결과가 어떻게 나온 것인지 생각하고 거꾸로 생각해 나가는 방법이지요.

어떤 수를 구할 때는 거꾸로 풀기로!

1 어떤 수에서 1000배씩 3번 뛰어 센 다음 20조씩 커지게 4번 뛰어 센 수가 148조였습니다. 어떤 수는 얼마인지 구하세요.

□ 배	□ 배	□ 배

(어떤 수) (어떤 수)×1000 (어떤 수)× □ (어떤 수)× □

+20조   + □ 조   + □ 조   + □ 조

□ 조   (어떤 수)× □

❓ : □ 수

❶ 어떤 수를 3000배 한 수에 24조를 더한 수가 148조입니다.

→

❷ ❶의 문장을 식으로 나타내면 (어떤 수)×1000＋20조＝148조입니다.

→

❸ 답을 구하기 위한 식인 (어떤 수)×1000＋20조＝148조에서 거꾸로 생각하면
(어떤 수)×1000＝148조－20조＝128조입니다.

→

❹ 따라서 (어떤 수)×1000＝128조이므로 (어떤 수)＝1조 28억입니다.

→

답 _____

2 어떤 수에 25를 곱해야 하는데 잘못하여 25의 십의 자리 숫자와 일의 자리 숫자가 바뀐 수를 곱해서 884가 되었습니다. 바르게 계산하면 얼마인지 구하세요.

문제 그리기 문제를 읽고, □ 안에 알맞은 수나 말을 써넣으면서 풀이 과정을 계획합니다. (?: 구하고자 하는 것)

어떤 수: ▲   바르게 계산: ▲×□

잘못한 계산: ▲×□=□

? : □ 계산한 값

계획-풀기 틀린 부분에 밑줄을 긋고, 그 부분을 바르게 고친 것을 화살표 오른쪽에 씁니다.

❶ 어떤 수를 □라고 하면 □×25=884입니다.

→

❷ □를 구하기 위해 계산하면 □=884×52=45968입니다.

→

❸ 어떤 수는 45968입니다.

→

❹ 바르게 계산하면 □×25=45968×25=1149200입니다.

→

답 _____

확인하기 문제를 풀기 위해 배워서 적용한 전략에 ○표 하세요.

규칙 찾기　　（　　）　　　　　거꾸로 풀기　　（　　）　　　　　예상하고 확인하기　　（　　）

1 푸른 양계장에서는 매일 하루에 달걀을 47판씩 생산합니다. 달걀이 한 판에 20개씩 들어 있을 때 푸른 양계장에서 3주 동안 생산하는 달걀은 모두 몇 개인지 구하세요.

문제 그리기　문제를 읽고, □ 안에 알맞은 수나 말을 써넣으면서 풀이 과정을 계획합니다. (②: 구하고자 하는 것)

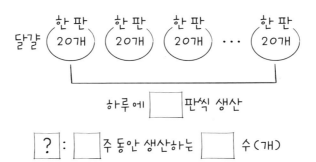

하루에 [　] 판씩 생산

? : [　] 주 동안 생산하는 [　] 수 (개)

계획-풀기

❶ 하루에 생산하는 달걀 수 구하기

❷ 3주 동안 생산하는 달걀 수 구하기

답 _____

2 어떤 수를 46으로 나누었더니 몫이 18이었습니다. 어떤 수가 될 수 있는 자연수 중에서 가장 큰 수와 가장 작은 수의 합을 구하세요.

문제 그리기　문제를 읽고, □ 안에 알맞은 수나 말을 써넣으면서 풀이 과정을 계획합니다. (②: 구하고자 하는 것)

(어떤 수) ÷ 46 = [　] … ▲ (나머지)

[　]　▲는 0, 1, 2, …, [　] 까지입니다.

46) (어떤 수)

? : 어떤 수가 될 수 있는 자연수 중에서 가장 [　] 수와 가장 [　] 수의 [　]

계획-풀기

❶ 가장 큰 어떤 수와 가장 작은 어떤 수 구하기

❷ 가장 큰 어떤 수와 가장 작은 어떤 수의 합 구하기

답 _____

3 어느 건설 회사에서 집을 몇 채 짓기 위해 땅을 샀습니다. 지폐의 수를 보고 땅을 살 때 지불한 금액은 얼마인지 구하세요.

> 1억 원짜리 수표 21장, 1000만 원짜리 수표 28장
> 100만 원짜리 수표 45장, 10만 원짜리 수표 18장

문제 그리기 문제를 읽고, □ 안에 알맞은 수나 말을 써넣으면서 풀이 과정을 계획합니다. (?: 구하고자 하는 것)

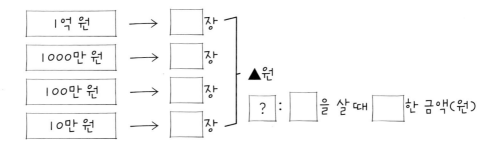

계획-풀기

❶ 1억 원, 1000만 원, 100만 원, 10만 원짜리 수표를 각각 얼마씩 지불했는지 구하기

❷ 땅을 살 때 지불한 금액 구하기

답 _____

4 10만 원짜리 수표 10000장의 높이가 약 1 m일 때 10만 원짜리 수표만으로 360조 원을 쌓으면 높이는 약 몇 km가 되는지 구하세요.

문제 그리기 문제를 읽고, □ 안에 알맞은 수나 말을 써넣으면서 풀이 과정을 계획합니다. (?: 구하고자 하는 것)

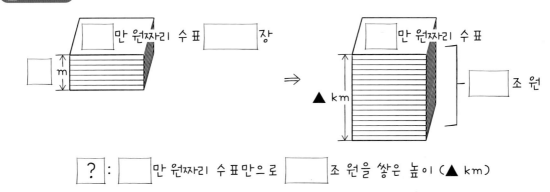

계획-풀기

❶ 10만 원짜리 수표 10000장을 한 묶음으로 묶을 때 360조 원은 몇 묶음이 되는지 구하기

❷ 10만 원짜리 수표만으로 360조 원을 쌓으면 높이는 약 몇 km가 되는지 구하기

답 _____

5 오늘 만든 딸기 주스 824 mL를 한 통에 62 mL씩 똑같은 양으로 나누어 담으려고 하였더니 몇 mL가 모자랐습니다. 딸기 주스를 남김없이 똑같은 양으로 나누어 담으려면 딸기 주스는 적어도 몇 mL 더 만들어야 하고 모두 몇 통을 만들 수 있는지 구하세요.

文제 그리기 문제를 읽고, □ 안에 알맞은 수나 말을 써넣으면서 풀이 과정을 계획합니다. (?: 구하고자 하는 것)

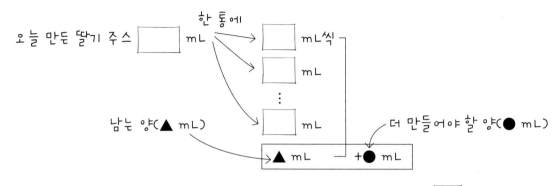

계획-풀기

❶ 딸기 주스를 한 통에 62 mL씩 똑같이 나누어 담으면 몇 통에 담고 몇 mL가 남는지 구하기

❷ 딸기 주스를 적어도 몇 mL 더 만들어야 하고 모두 몇 통을 만들 수 있는지 구하기

답 _____

6 어느 전시회의 입장료가 어른은 9500원, 어린이는 1200원입니다. 어른 4명과 어린이 9명의 입장권을 사려고 하는데 1000원짜리 지폐가 많아서 10000원짜리 지폐 3장을 내고 나머지는 1000원짜리 지폐 몇 장을 내었더니 몇백 원이 모자랐습니다. 낸 1000원짜리 지폐는 몇 장이었는지 구하세요.

文제 그리기 문제를 읽고, □ 안에 알맞은 수나 말을 써넣으면서 풀이 과정을 계획합니다. (?: 구하고자 하는 것)

어른 입장료: [ ]원 ⟹ 4명
어린이 입장료: [ ]원 ⟹ [ ]명

전체 입장료: 10000× [ ] 와 1000× ●의
합은 몇백 원이 모자람

? : 낸 [ ]원짜리 지폐 수 (장)

계획-풀기

❶ 어른 4명과 어린이 9명의 전체 입장료 구하기

❷ 처음에 낸 1000원짜리 지폐는 몇 장인지 구하기

답 _____

7 가로가 986 m, 세로가 408 m인 직사각형 모양의 공원을 직사각형 모양으로 나누어 꽃을 심으려고 합니다. 이 공원의 가로와 세로를 각각 29 m, 17 m씩 여러 개의 똑같은 직사각형 모양으로 나누면 나누어진 직사각형 모양은 모두 몇 개인지 구하세요.

문제 그리기 문제를 읽고, □ 안에 알맞은 수나 말을 써넣으면서 풀이 과정을 계획합니다. (?: 구하고자 하는 것)

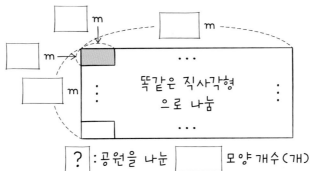

계획-풀기

❶ 공원을 나눈 직사각형 모양은 각각 가로와 세로로 몇 개씩 나누었는지 구하기

❷ 공원을 나눈 직사각형 모양은 모두 몇 개인지 구하기

답 _____

8 길이가 520 m인 기차가 1초에 33 m씩 가는 빠르기로 일정하게 달린다고 합니다. 이 기차가 터널을 완전히 통과하는 데 5분 12초가 걸렸다면 터널의 길이는 몇 km 몇 m인지 구하세요.

문제 그리기 문제를 읽고, □ 안에 알맞은 수나 말 또는 단위을 써넣으면서 풀이 과정을 계획합니다. (?: 구하고자 하는 것)

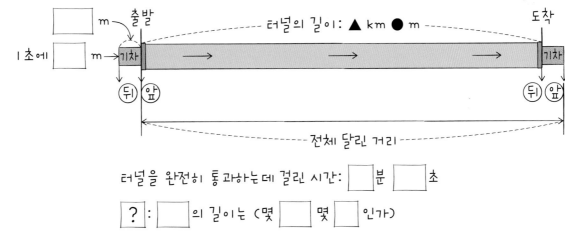

계획-풀기

❶ 기차가 터널을 완전히 통과하는 데 달린 거리는 몇 m인지 구하기

❷ 기차가 통과한 터널의 길이는 몇 km 몇 m인지 구하기

답 _____

9 어떤 수를 2000배 한 수를 1000배 하였더니 6600억이 되었습니다. 어떤 수를 구하세요.

📷 **문제 그리기** 문제를 읽고, □ 안에 알맞은 수나 말을 써넣으면서 풀이 과정을 계획합니다. (?: 구하고자 하는 것)

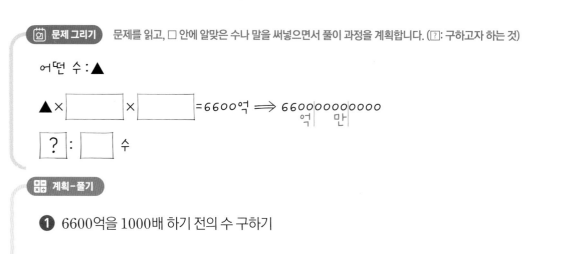

🔢 **계획-풀기**

❶ 6600억을 1000배 하기 전의 수 구하기

❷ 어떤 수 구하기

답 _____

10 서현이와 가연이가 뛰어 세기 게임을 합니다. 서현이가 처음 수를 먼저 정하면 가연이는 얼마를 뛰어 셀지를 정합니다. 서현이가 먼저 16487535라고 수를 말하고, 그 수에서 가연이가 한 번 뛰어 센 수를 17587535라고 말했습니다. 이 순서로 서로 번갈아 가며 뛰어 세기를 계속 하다가 가연이가 21987535라고 말했습니다. 서현이가 처음 말한 수를 1번째라고 한다면 가연이가 21987535라고 말한 수는 몇 번째인지 구하세요.

📷 **문제 그리기** 문제를 읽고, □ 안에 알맞은 수를 써넣으면서 풀이 과정을 계획합니다. (?: 구하고자 하는 것)

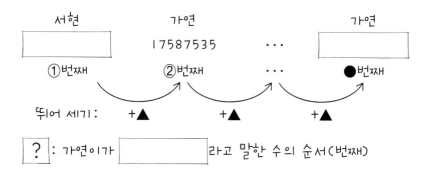

🔢 **계획-풀기**

❶ 서현이와 가연이는 몇씩 뛰어 세었는지 구하기

❷ 21987535는 처음 수와 얼마만큼 차이가 나는지 구하기

❸ 21987535는 몇 번째인지 구하기

답 _____

11 어떤 수에서 100배씩 6번 뛰어 센 다음 100조씩 커지게 5번 뛰어 세었더니 854조가 되었습니다. 어떤 수는 얼마인지 구하세요.

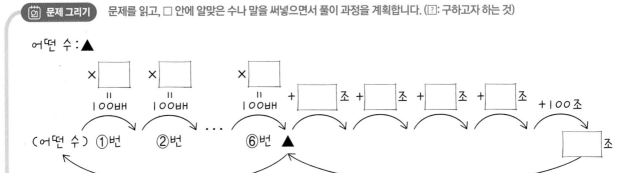

어떤 수 : ▲

❶ 100조씩 커지게 5번 뛰어 세기 전의 수 구하기

❷ 어떤 수 구하기

답 _____

---

12 목성의 둘레는 약 439000 km입니다. 길이가 10 m인 끈을 겹치는 부분 없이 길게 이어 붙여 목성의 둘레를 잰다면 필요한 끈은 약 몇 개인지 구하세요.

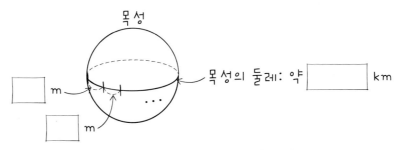

🔲 : 목성의 둘레를 재기 위해 필요한 길이가 ☐ m인 끈의 개수 (개)

❶ 목성의 둘레는 약 m인지 구하기

❷ 목성의 둘레를 재는 데 필요한 끈은 약 몇 개인지 구하기

답 _____

13 현이 부모님은 매달 은행에 50만 원씩 예금합니다. 이번 달까지 예금한 금액이 14674800원이었다면 5개월 전까지 예금한 금액은 얼마인지 구하세요. (단, 5개월 동안 돈을 찾은 적이 없고 이자도 없습니다.)

문제 그리기 문제를 읽고, □ 안에 알맞은 수나 말을 써넣으면서 풀이 과정을 계획합니다. (?: 구하고자 하는 것)

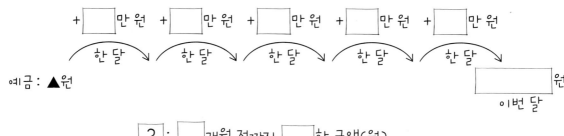

예금 : ▲원

? : □개월 전까지 □한 금액(원)

계획-풀기

❶ 50만 원씩 5개월 동안 예금한 금액 구하기

❷ 5개월 전까지 예금한 금액 구하기

답 _____

14 농장에 있는 염소를 한 울타리에 34마리씩 들어가도록 나누어야 하는데 잘못해서 염소를 한 울타리에 24마리씩 울타리 17개에 들어가도록 나누었더니 염소 16마리가 남았습니다. 염소를 바르게 나눈다면 울타리 몇 개에 들어가고 염소 몇 마리가 남는지 구하세요.

문제 그리기 문제를 읽고, □ 안에 알맞은 수를 써넣으면서 풀이 과정을 계획합니다. (?: 구하고자 하는 것)

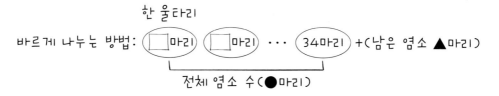

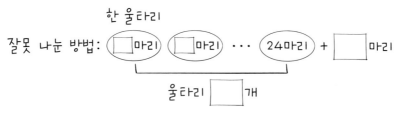

? : 염소를 한 울타리에 □마리씩 넣을 때 □수(개)와 남는 □수(마리)

계획-풀기

❶ 잘못 나눈 상황에서 염소 수 구하기

❷ 답 구하기

답 _____ , _____

15 정우와 동생이 구슬로 게임을 하고 있는데 동생이 어느 순간 울고 말았습니다. 그래서 정우가 동생이 가지고 있던 구슬의 2배를 동생에게 주었더니 정우와 동생이 가진 구슬이 각각 123개로 같아졌습니다. 정우와 동생이 처음에 가지고 있던 구슬은 각각 몇 개인지 구하세요.

📷 **문제 그리기** 문제를 읽고, □ 안에 알맞은 수나 말을 써넣으면서 풀이 과정을 계획합니다. (❓: 구하고자 하는 것)

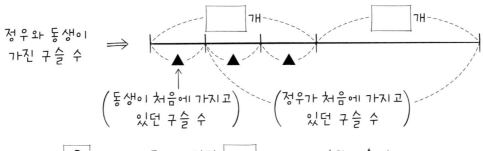

정우와 동생이 가진 구슬 수 ⟹

□개   □개

(동생이 처음에 가지고 있던 구슬 수)   (정우가 처음에 가지고 있던 구슬 수)

❓ : 정우와 동생이 각각 □에 가지고 있던 구슬 수(개)

🗂 **계획 – 풀기**

❶ 정우가 동생에게 구슬을 준 다음 동생이 가진 구슬 수는 동생이 처음에 가지고 있던 구슬 수의 몇 배인지 구하기

❷ 동생이 처음에 가지고 있던 구슬 수 구하기

❸ 정우가 처음에 가지고 있던 구슬 수 구하기

답   정우: , 동생:

---

16 마법 계산기인 별 기계와 달 기계가 있습니다. 수를 넣으면 별 기계는 36을 곱한 후 336을 더하고, 달 기계는 43을 곱한 후 517을 더한 수를 만듭니다. 어떤 수를 별 기계에 넣고, 또 다른 어떤 수를 달 기계에 넣었더니 같은 수가 만들어졌습니다. 별 기계와 달 기계에 넣은 수를 각각 구하세요.

📷 **문제 그리기** 문제를 읽고, □ 안에 알맞은 수나 말을 써넣으면서 풀이 과정을 계획합니다. (❓: 구하고자 하는 것)

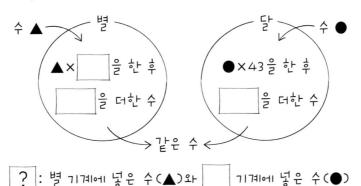

수 ▲   별   달   수 ●

▲×□을 한 후   ●×43을 한 후

□을 더한 수   □을 더한 수

같은 수

❓ : 별 기계에 넣은 수(▲)와 □ 기계에 넣은 수(●)

🗂 **계획 – 풀기**

❶ 별 기계와 달 기계에 넣은 수를 예상하여 확인하기

❷ 별 기계와 달 기계에 넣은 수를 각각 구하기

답   별 기계: , 달 기계:

17 3×3, 4×4, 11×11, 58×58과 같이 어떤 같은 수를 두 번 곱했더니 2809가 되었습니다. 어떤 수를 두 번 곱했는지 구하세요.

🖐 **문제 그리기** 문제를 읽고, □ 안에 알맞은 수를 써넣으면서 풀이 과정을 계획합니다. (❓: 구하고자 하는 것)

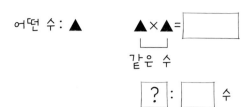

어떤 수 : ▲　　　▲ × ▲ = ⬜
　　　　　　　　　└─┬─┘
　　　　　　　　　같은 수

　　　　　❓ : ⬜ 수

🔡 **계획-풀기**

❶ 어떤 수의 일의 자리가 될 수 있는 수 구하기

❷ 어떤 수의 십의 자리 숫자 구하기

❸ 어떤 수 구하기

답 _____

18 수 카드 5장을 한 번씩만 사용하여 올바른 나눗셈식이 되도록 □안에 알맞은 수를 차례대로 구하세요.

0　1　6　7　8　➡　⬜⬜⬜ ÷ ⬜⬜ = 8 ⋯ 76

🖐 **문제 그리기** 문제를 읽고, □ 안에 알맞은 도형을 써넣으면서 풀이 과정을 계획합니다. (❓: 구하고자 하는 것)

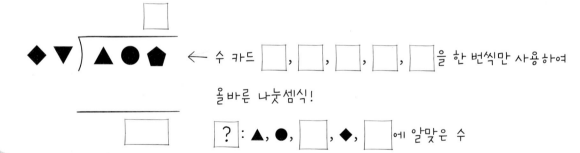

　　　　　　　⬜
　◆ ▼)‾▲ ● ⬟　 ← 수 카드 ⬜, ⬜, ⬜, ⬜, ⬜ 을 한 번씩만 사용하여

　　　　　　　　　올바른 나눗셈식!
　‾‾‾‾‾‾‾‾‾‾
　⬜　　　❓ : ▲, ●, ⬜, ◆, ⬜ 에 알맞은 수

🔡 **계획-풀기**

❶ 나누는 수를 예상하여 나머지와 비교하면서 찾기

❷ 올바른 나눗셈식 구하기

답 _____

19 수현이가 말하는 서로 다른 두 수를 구하세요.

 합이 60이고 곱이 896인 두 수야.

수현

📷 **문제 그리기** 문제를 읽고, □ 안에 알맞은 수를 써넣으면서 풀이 과정을 계획합니다. (❓: 구하고자 하는 것)

서로 다른 수: ●, ▲　　　　● + ▲ = ▢　　　　❓: 서로 ▢ 두 수

● × ▲ = ▢

🧮 **계획–풀기**

❶ 일의 자리 수끼리 더하면 0이고 곱하면 6이 되는 일의 자리 수 구하기

❷ 서로 다른 두 수 구하기

답 _____

20 나누어떨어지지 않는 나눗셈식에서 ㉠과 ㉡이 될 수 있는 한 자리 수를 모두 구하세요. (단, 나머지는 한 자리 수입니다.)

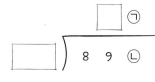 $89㉡ \div 16 = 5㉠ \cdots ㉢$

📷 **문제 그리기** 문제를 읽고, □ 안에 알맞은 수나 말을 써넣으면서 풀이 과정을 계획합니다. (❓: 구하고자 하는 것)

```
        ▢ ㉠
   ▢ ) 8 9 ㉡
    
       ⋮
   (나머지) ← ▢ 이 아님
```

❓: ㉠과 ㉡이 될 수 있는 모든 ▢ 자리 수　　　▢ 자리 수

🧮 **계획–풀기**

❶ ㉠이 될 수 있는 수 구하기

❷ ㉡이 될 수 있는 수 모두 구하기

답 ㉠: _____　　, ㉡: _____

21 곱이 30000에 가장 가까운 수가 되도록 ▢ 안에 알맞은 자연수를 구하세요.

$$812 \times \boxed{}$$

📷 **문제 그리기** 문제를 읽고, ▢ 안에 알맞은 수를 써넣으면서 풀이 과정을 계획합니다. (⍰: 구하고자 하는 것)

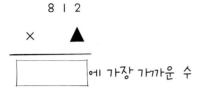

```
    8 1 2
  ×     ▲
 ─────────
 [        ]에 가장 가까운 수
```

⍰ : 두 수의 곱이 [   ]에 가장 가까운

수가 되도록 하는 자연수(▲)

🔢 **계획-풀기**

❶ ▢의 십의 자리 숫자를 예상하여 구하기

❷ ▢의 일의 자리 수를 예상하여 ▢ 안에 알맞은 수 구하기

답 _____

22 다음 내용을 보고, 푸들은 몇 마리이고 나누어진 방은 몇 개인지 각각 구하세요.

누리네 집에 있는 푸들을 여러 개의 방에 똑같이 나누어 넣으려고 합니다. 이때 한 방에 푸들을 7마리씩 넣으면 3마리가 남고, 8마리씩 넣으면 2마리가 부족합니다.

📷 **문제 그리기** 문제를 읽고, ▢ 안에 알맞은 수나 말을 써넣으면서 풀이 과정을 계획합니다. (⍰: 구하고자 하는 것)

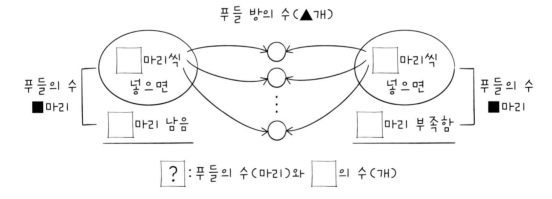

🔢 **계획-풀기**

❶ 누리네 집에 있는 방이 6개라고 예상하여 푸들의 수 구하기

❷ 방의 수를 예상하고 확인하여 누리네 집에 있는 푸들의 수와 방의 수 각각 구하기

답 푸들: ＿＿＿＿＿＿＿ , 방: ＿＿＿＿＿＿＿

23 미로 게임 대회가 열렸습니다. 한 미로를 8분 안에 탈출하면 7점을 얻고, 8분 안에 탈출하지 못하면 3점을 잃습니다. 미로는 모두 10개이고, 기본 점수는 30점입니다. 이 대회에서 현희의 점수가 70점이었다면 현희가 탈출에 성공한 미로는 몇 개였는지 구하세요.

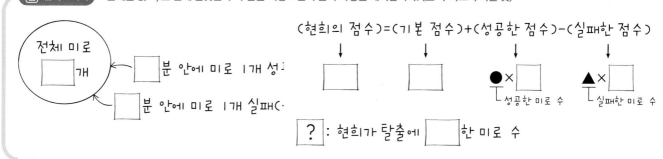

📷 문제 그리기 문제를 읽고, □ 안에 알맞은 수나 말을 써넣으면서 풀이 과정을 계획합니다. (?: 구하고자 하는 것)

🔢 계획–풀기

❶ 현희가 탈출에 성공한 미로가 5개라고 예상하여 점수 구하기

❷ 현희가 탈출에 성공한 미로의 수를 예상하고 확인하여 구하기

답 _____

---

24 민희는 농장에서 사과 따기 체험 활동을 했습니다. 민희가 딴 빨간색 사과와 초록색 사과는 모두 27개입니다. 빨간색 사과 한 개는 250 g, 초록색 사과 한 개는 240 g이고 전체 무게는 6600 g 입니다. 민희가 딴 빨간색 사과와 초록색 사과는 각각 몇 개인지 구하세요. (단, 같은 색 사과끼리 무게는 일정합니다.)

📷 문제 그리기 문제를 읽고, □ 안에 알맞은 수나 말을 써넣으면서 풀이 과정을 계획합니다. (?: 구하고자 하는 것)

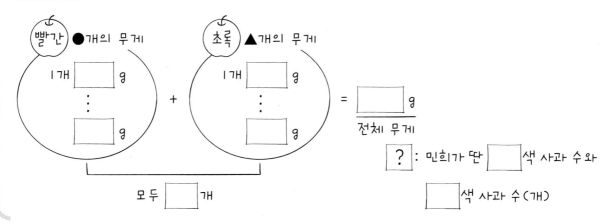

🔢 계획–풀기

❶ 빨간색 사과를 15개 땄다고 예상하여 민희가 딴 사과의 무게 구하기

❷ 민희가 딴 빨간색 사과 수와 초록색 사과 수를 각각 구하기

답 빨간색: _____ , 초록색: _____

표를 만들라고?

변화시켜서 생각해야 할 양이 하나보다 많아 동시에 여러 개를 생각해야 하는 문제가 있어요. 이럴 때 표를 이용하면 다양한 경우를 동시에 생각할 수 있지요.
표 만들기만으로 답을 구할 수 없는 경우도 있지만, 다른 전략과 함께 중요한 역할을 합니다.

문제 푸는 데 표를 사용하려면
먼저 무엇을 생각해야 할까요?

표를 어떻게 그릴까를 생각해야 해요.
그다음 문제에서 주어진 것부터 차례대로 쓰고
계산할 수 있는 것부터 계산하여 칸을 채워요.

맞아요! 특히 표 만들기는 한 양의 값을 변화시키고 다른 양의
값도 구해 보면서 답이 되는 경우를 찾는 거예요.

아! 그렇게 표를 사용하면 복잡하지는 않을 것
같아요.

1 윤수네 가족이 농장 체험을 갔습니다. 이 농장에서는 퀴즈를 맞히면 동물에게 먹이를 줄 수 있습니다. 〈퀴즈〉를 보고 먹이를 줄 수 있도록 답을 구하세요.

> **〈퀴즈〉**
>
> 토끼와 닭은 모두 42마리입니다.
>
> 토끼와 닭의 다리는 모두 118개입니다.
>
> 그렇다면 토끼와 닭은 각각 몇 마리일까요?

📷 문제 그리기 문제를 읽고, □ 안에 알맞은 수나 말을 써넣으면서 풀이 과정을 계획합니다. (❓: 구하고자 하는 것)

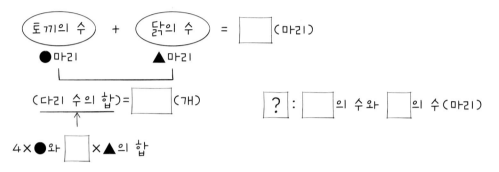

🔢 계획-풀기 틀린 부분에 밑줄을 긋고, 그 부분을 바르게 고친 것을 화살표 오른쪽에 쓰고, 빈칸에 알맞은 수나 말을 써넣습니다.

❶ 토끼와 닭의 수를 모두 더하면 32이고, 다리 수의 합은 108입니다.

→

❷ 가능한 토끼와 닭의 수를 예상합니다. 토끼의 수가 20이면 닭의 수는 22이고, 다리 수의 합은 124이므로 토끼의 수를 더 늘여서 생각합니다.

→

❸ 토끼와 닭의 수의 합에 맞게 표를 만들고, 다리의 수를 구하는 표를 완성합니다.

토끼의 수(마리)	19			
토끼의 다리 수(개)	76			
닭의 수(마리)	23			
닭의 다리 수(개)	46			
다리 수의 합(개)	122			

❹ 따라서 농장에 있는 토끼와 닭의 다리 수의 합이 114인 경우를 찾으면 토끼는 18마리이고 닭은 24마리입니다.

→

답 토끼: ＿＿＿＿＿＿＿ , 닭: ＿＿＿＿＿＿＿

💡 확인하기 문제를 풀기 위해 배워서 적용한 전략에 ○표 하세요.

단순화하기 （　　） 　　　　　 그림 그리기 （　　） 　　　　　 표 만들기 （　　）

2 현정이가 집에서 출발한 지 13분 후에 동생이 자전거를 타고 출발했습니다. 현정이가 1분에 40 m씩 일정한 빠르기로 걸어가고, 동생은 1분에 170 m씩 일정한 빠르기로 자전거를 타고 갑니다. 동생은 출발한 지 몇 분 후에 현정이를 만날 수 있는지 구하세요.

🔲 **문제 그리기**   문제를 읽고, □ 안에 알맞은 수나 말을 써넣으면서 풀이 과정을 계획합니다. (❓: 구하고자 하는 것)

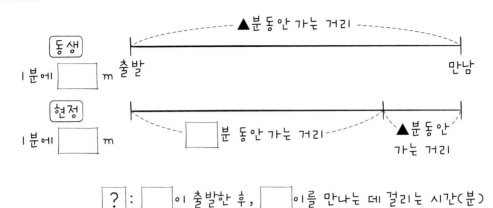

❓ : [　]이 출발한 후, [　]이를 만나는 데 걸리는 시간(분)

🔲 **계획-풀기**   틀린 부분에 밑줄을 긋고, 그 부분을 바르게 고친 것을 화살표 오른쪽에 쓰고, 빈칸에 알맞은 수나 말을 써넣습니다.

❶ 현정이와 동생이 만난다는 것은 결국 현정이가 걸어가는 데 걸리는 시간과 동생이 자전거를 타고 가는 데 걸리는 시간이 같다는 것입니다.

→

❷ 현정이와 동생이 가는 거리는 시간에 따라 달라지기 때문에 표를 만들어서 거리가 같아지는 시간을 알아낼 수 있습니다.

동생이 걸리는 시간(분)	1			
동생이 가는 거리(m)	170			
현정이가 걸리는 시간(분)	14			
현정이가 가는 거리(m)	560			

❸ 따라서 동생은 출발한 지 10분 후에 현정이를 만날 수 있습니다.

→

🏷 **답** _____

💡 **확인하기**   문제를 풀기 위해 배워서 적용한 전략에 ○표 하세요.

표 만들기 (   )   그림 그리기 (   )   식 세우기 (   )

단순화하거나 규칙을 찾으라고?

문제에서 해결해야 하는 상황의 수가 너무 크거나 분수 또는 소수가 있어 계산이 복잡할 때는 작은 수나 자연수로 단순하게 생각해요. 이처럼 단순하게 생각하는 전략을 '단순화하기'라고 한답니다. 단순하게 생각하는 경우만이 아니라 문제를 몇 개로 나눠서 부분적인 문제로 생각해서 푸는 경우도 해당되지요. '단순화하기'는 '규칙 찾기'와 관련된 경우가 많아요.

문제를 풀려고 하는데 수가 너무 크거나 분수, 소수가
나오면 잘 떠오르지 않아요.

그럴 때는 수를 단순하게 바꿔서 생각해요.
큰 수는 작은 수로, 분수나 소수는 자연수로 생각해 봐요.

그런데 문제에서 주어진 내용이
너무 복잡하면요?

더 익숙한 상황으로 바꾸거나 간단하게 그려서
생각하면 쉽게 풀 수 있어요. 그다음 주어진 문
제에 적용해서 생각하면 되지요.

아하! 그렇게 하면 되겠어요.

1 길이가 9 km인 어두운 산길 양쪽에 처음부터 끝까지 6 m 간격으로 가로등을 세우려고 합니다. 세울 수 있는 가로등은 모두 몇 개인지 구하세요. (단, 가로등의 두께는 생각하지 않습니다.)

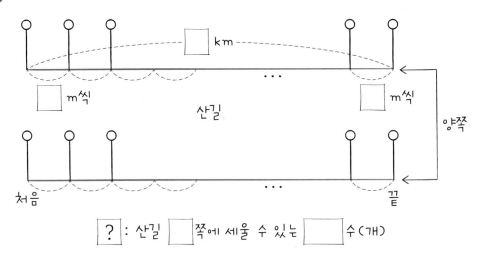

□쪽에 세울 수 있는 □ 수(개)

? : 산길 □ 쪽에 세울 수 있는 □ 수(개)

❶ 산길의 양끝에 가로등이 있을 때 가로등 수와 간격 수의 관계를 작은 수에서 생각하면 가로등 수는 간격 수와 같습니다.

→

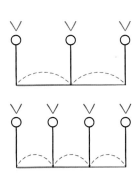

❷ 답을 구하기 위해서는 산길 한쪽에 있는 가로등 수만 구하면 됩니다.

→

❸ 전체 산길의 길이가 840 m이고 가로등 사이의 간격이 4 m이므로 (간격 수)=840÷4=210(군데)입니다.

→

❹ 따라서 산길 한쪽에 세울 수 있는 가로등은 210＋1＝211(개)이므로 양쪽에 세울 수 있는 가로등은 모두 211×2＝422(개)입니다.

→

답

2 1899999999보다 크고 48억보다 작은 자연수는 모두 몇 개인지 구하세요.

📷 **문제 그리기** 문제를 읽고, □ 안에 알맞은 수나 말을 써넣으면서 풀이 과정을 계획합니다. (？: 구하고자 하는 것)

$$\boxed{} < \underset{\sim}{자연수} < \boxed{}\underset{억\quad 만}{0000\,0000}$$

$$\boxed{}억\boxed{}만\boxed{} < 자연수 < \boxed{}억$$

$$\boxed{？} : \boxed{}보다 크고 \boxed{}억보다 작은 \boxed{}의 개수$$

🔢 **계획-풀기** 틀린 부분에 밑줄을 긋고, 그 부분을 바르게 고친 것을 화살표 오른쪽에 씁니다.

❶ 주어진 수가 너무 큰 수이므로 작은 수에서 생각하면 12보다 크고 16보다 작은 자연수는 모두
16－12＝4(개)입니다.

→

❷ 두 수 사이에 있는 자연수의 개수를 뺄셈으로 구할 때는 두 수의 합 16＋12＝28에 1을 더해 줍니다.

→

❸ 이 문제에 ❷의 방법을 적용하여 18억 9999만 9999보다 크고 49억보다 작은 자연수의 개수를 구합
니다.

→

❹ 49억에 18억 9999만 9999를 더하면 49억＋18억 9999만 9999＝67억 9999만 9999입니다.

→

❺ 18억 9999만 9999보다 크고 49억보다 작은 자연수는 모두 67억 9999만 9999＋1＝68억 (개)입
니다.

→

답 _____

💡 **확인하기** 문제를 풀기 위해 배워서 적용한 전략에 ○표 하세요.

단순화하기　（　　）　　　　　　　그림 그리기　（　　）　　　　　　　표 만들기　（　　）

문제정보를 복합적으로 나타내라고?

문제의 정보나 조건을 이용하여 문제를 풀어야 하는 것은 모든 문제의 기본이라고 할 수 있어요. 특히 그중에서도 어떤 전략을 이용하는 것이 아니라 주어진 정보와 조건을 식이나 그림 등으로 다양하게 나타내서 문제 해법의 단서를 찾을 수 있습니다.

문제에서 주어진 정보나 조건을 나타낸다고?

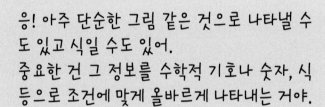

응! 아주 단순한 그림 같은 것으로 나타낼 수도 있고 식일 수도 있어.
중요한 건 그 정보를 수학적 기호나 숫자, 식 등으로 조건에 맞게 올바르게 나타내는 거야.

진짜? 그냥 그리면 돼?

무조건 그리는 것은 아니지. 조건이 있어.
그릴 때 문제의 정보나 조건을 쓰거나 그리면 어떻게 풀 수 있는지를 찾을 수 있어!

그렇구나. 이제 알겠어.

1 조건을 모두 만족하는 가장 작은 여덟 자리 수를 구하세요.

> • 0은 세 개입니다.
> • 1은 두 개입니다.
> • 만의 자리 숫자는 9입니다.

🖼 **문제 그리기** 문제를 읽고, □ 안에 알맞은 수나 말을 써넣으면서 풀이 과정을 계획합니다. (⍰: 구하고자 하는 것)

○ ○ ○ □ | ○ ○ ○ ○
만

→ □ 은 3개, 1은 □ 개인 여덟 자리 수

? : 조건에 맞는 가장 □ 은 □ 자리 수

🔢 **계획-풀기** 틀린 부분에 밑줄을 긋고, 그 부분을 바르게 고친 것을 화살표 오른쪽에 쓰고, 빈칸에 알맞은 수나 말을 써넣습니다.

❶ 구하려고 하는 수는 여덟 자리 수이고 가장 큰 수이므로 천만의 자리 숫자와 백만의 자리 숫자는 모두 9 입니다.

→

❷ 또한 0을 2개, 1을 3개 사용한 가장 큰 수라는 조건을 적용합니다.

→

❸ ❷에 의하여 가장 큰 수를 만들면 | 9 | 9 | 1 | 9 | 1 | 1 | 0 | 0 | 입니다.

→

❹ 따라서 구하려고 하는 여덟 자리 수는 99191100입니다.

→

답 _____

💡 **확인하기** 문제를 풀기 위해 배워서 적용한 전략에 ○표 하세요.

문제정보 복합적으로 나타내기 (　) 　　규칙 찾기 (　) 　　표 만들기 (　)

2 가은이네 동아리 학생들 모두가 극장에서 영화를 보려고 합니다. 대화를 읽고, 가은이네 동아리 학생의 영화 관람료는 모두 얼마인지 구하세요.

> 가은: 우리 동아리는 모두 32개의 모둠이 있어.
> 하온: 한 모둠에 9명씩으로 같아.
> 서하: 영화 관람료가 할인해서 한 사람당 7300원이래.

📖 문제 그리기 문제를 읽고, □ 안에 알맞은 수나 말을 써넣으면서 풀이 과정을 계획합니다. (?: 구하고자 하는 것)

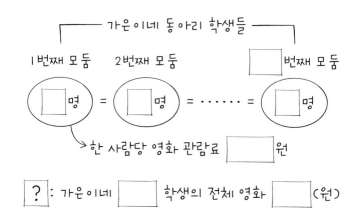

⬚ 계획-풀기 틀린 부분에 밑줄을 긋고, 그 부분을 바르게 고친 것을 화살표 오른쪽에 씁니다.

❶ 한 모둠에 9명씩 있고, 모둠이 모두 42개 있습니다.

→

❷ 가은이네 동아리의 학생은 모두 9 × 42 ＝ 378(명)입니다.

→

❸ 영화 관람료가 한 사람당 1700원이므로 가은이네 동아리 학생의 영화 관람료는 모두
1700 × 378 ＝ 642600(원)입니다.

→

❹ 따라서 가은이네 동아리 학생의 영화 관람료는 모두 642600원입니다.

→

답 _____

💡 확인하기 문제를 풀기 위해 배워서 적용한 전략에 ○표 하세요.

그림 그리기 （ ） 규칙 찾기 （ ） 문제정보 복합적으로 나타내기 （ ）

1 서연이가 책을 읽다가 방에서 나가자 언니가 "서연아, 너가 펼쳐 놓은 면의 두 쪽수를 곱하니까 11772야."라고 말했습니다. 서연이가 펼쳐 놓은 면의 두 쪽은 몇 쪽과 몇 쪽인지 구하세요.

📷 **문제 그리기** 문제를 읽고, □ 안에 알맞은 수나 말을 써넣으면서 풀이 과정을 계획합니다. (?: 구하고자 하는 것)

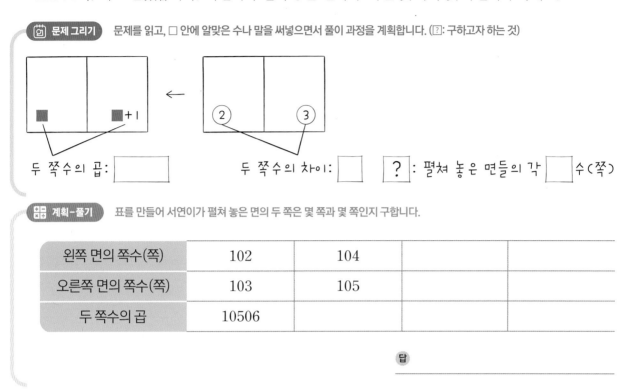

두 쪽수의 곱: ☐   두 쪽수의 차이: ☐   ?: 펼쳐 놓은 면들의 각 ☐ 수(쪽)

📊 **계획-풀기** 표를 만들어 서연이가 펼쳐 놓은 면의 두 쪽은 몇 쪽과 몇 쪽인지 구합니다.

왼쪽 면의 쪽수(쪽)	102	104		
오른쪽 면의 쪽수(쪽)	103	105		
두 쪽수의 곱	10506			

답 _____

2 어느 회사의 2018년 매출액이 1조 4800억 원이었습니다. 그 이후부터는 해마다 매출액이 580억 원씩 일정하게 증가했다면 연 매출액이 처음으로 4조 원을 넘는 해는 언제인지 구하세요.

📷 **문제 그리기** 문제를 읽고, □ 안에 알맞은 수를 써넣으면서 풀이 과정을 계획합니다. (?: 구하고자 하는 것)

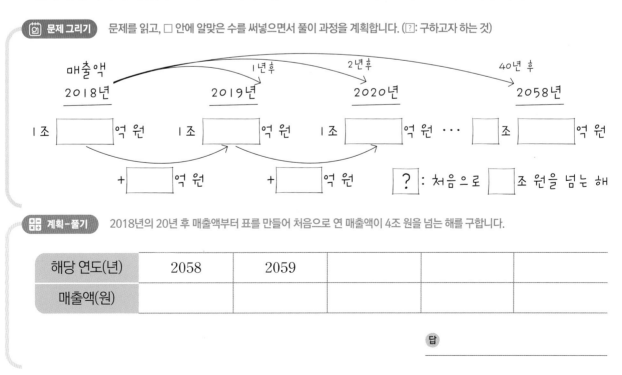

📊 **계획-풀기** 2018년의 20년 후 매출액부터 표를 만들어 처음으로 연 매출액이 4조 원을 넘는 해를 구합니다.

해당 연도(년)	2058	2059		
매출액(원)				

답 _____

3 여행 가방을 싸는데 반소매와 반바지의 개수의 차는 10벌이고, 반소매와 반바지의 전체 무게는 4 kg을 넘지 않습니다. 반소매 한 벌당 무게는 약 140 g, 반바지 한 벌당 무게는 약 220 g이라면 여행 가방에 가능한 많이 넣을 수 있는 반소매와 반바지는 각각 몇 벌인지 구하세요. (단, 반소매가 더 많습니다.)

🔲 문제 그리기 문제를 읽고, □ 안에 알맞은 수나 말을 써넣으면서 풀이 과정을 계획합니다. (②: 구하고자 하는 것)

(반소매의 수) — (반바지의 수) ⇒ ☐ (벌)

1벌: 약 ☐ g   1벌: 약 ☐ g

(전체 반소매의 무게)+(전체 반바지의 무게) < ☐ kg   ? : ☐ 의 수와 ☐ 의 수

🔳 계획-풀기 표를 만들어 여행 가방에 넣을 수 있는 반소매와 반바지는 각각 몇 벌인지 구합니다.

반소매의 수(벌)	20	19	18	
반소매의 무게(g)	2800			
반바지의 수(벌)	10			
반바지의 무게(g)	2200			
무게의 합(g)	5000			

답 반소매: ＿＿＿＿＿ , 반바지: ＿＿＿＿＿

4 해수의 할머니네 가게에서 오늘 수입을 계산하려고 동전 통을 열었더니 500원짜리 동전과 100원짜리 동전이 모두 20개 들어 있고, 금액은 모두 6400원입니다. 500원짜리 동전과 100원짜리 동전은 각각 몇 개인지 구하세요.

🔲 문제 그리기 문제를 읽고, □ 안에 알맞은 수를 써넣으면서 풀이 과정을 계획합니다. (②: 구하고자 하는 것)

(500) + (100) ⇒ ☐ 원
(▲개) (●개)

▲개 + ●개 = ☐ (개)

? : ☐ 원짜리 동전의 수와 ☐ 원짜리 동전의 수

동전	동전의 수(개)	금액(원)
(500)	10	5000
(100)	☐	☐
합계	20	☐

🔳 계획-풀기 표를 만들어 500원짜리 동전과 100원짜리 동전이 각각 몇 개인지 구합니다.

500원짜리 동전의 수(개)	8	9		
500원짜리 동전의 금액(원)	4000			
100원짜리 동전의 수(개)	12			
100원짜리 동전의 금액(원)	1200			
금액의 합(원)	5200			

답 500원짜리 동전: ＿＿＿＿＿ , 100원짜리 동전: ＿＿＿＿＿

5 어느 해 4월의 달력에서 같은 주에 있는 월요일과 토요일의 날짜를 곱하였더니 414입니다. 두 요일의 날짜를 구하세요.

문제 그리기 문제를 읽고, □ 안에 알맞은 수나 말을 써넣으면서 풀이 과정을 계획합니다. (☐: 구하고자 하는 것)

$$\overset{\text{날짜}}{\textcircled{월}} \times \overset{\text{날짜}}{\textcircled{토}} = \boxed{}$$

$$\textcircled{토} - \textcircled{월} = \boxed{}$$

일	월	···	토
	10	···	□
	17	···	□

$$\boxed{?} : \boxed{} \text{요일과} \boxed{} \text{요일의 날짜}$$

계획-풀기 표를 만들어 월요일과 토요일의 날짜를 구합니다.

월요일 날짜(일)	15	16	17	
토요일 날짜(일)	20	21		
두 요일 날짜의 곱				

답 월요일: , 토요일:

6 상우는 돼지 저금통 안에 들어 있는 돈을 은행에 예금하려고 합니다. 돼지 저금통 안에서 10000원짜리 지폐와 5000원짜리 지폐만 꺼냈더니 모두 27장이고, 금액은 모두 195000원입니다. 돼지 저금통 안에 있던 10000원짜리 지폐와 5000원짜리 지폐는 각각 몇 장인지 구하세요.

문제 그리기 문제를 읽고, □ 안에 알맞은 수나 말을 써넣으면서 풀이 과정을 계획합니다. (☐: 구하고자 하는 것)

$$(\boxed{10000원} \text{ 지폐의 수}) + (\boxed{5000원} \text{ 지폐의 수}) = \boxed{} (\text{장}) \Longrightarrow \text{전체} \boxed{} \text{원}$$

$$\boxed{?} : \boxed{} \text{원짜리 지폐의 수와} \boxed{} \text{원짜리 지폐의 수(장)}$$

계획-풀기 표를 만들어 10000원짜리 지폐와 5000원짜리 지폐가 각각 몇 장인지 구합니다.

10000원짜리 지폐의 수(장)	6	8		
10000원짜리 지폐의 금액(원)	60000			
5000원짜리 지폐의 수(장)	21	19		
5000원짜리 지폐의 금액(원)	105000			
금액의 합(원)				

답 10000원짜리 지폐: , 5000원짜리 지폐:

7 우리네 가족은 놀이 공원에서 인형 맞히기 게임을 했습니다. 큰 공이나 작은 공으로 인형을 맞히면 각 공에 대하여 지불한 금액을 돌려받는 게임입니다. 큰 공 한 개는 700원, 작은 공 한 개는 400원입니다. 우리는 공을 22번 던져서 13번 성공하고 7300원을 돌려받았습니다. 인형 맞히기에 성공한 큰 공과 작은 공은 각각 몇 개인지 구하세요.

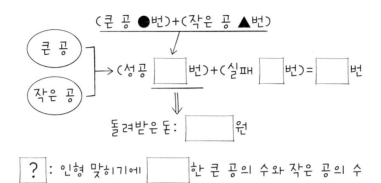

📝 **문제 그리기** 문제를 읽고, □ 안에 알맞은 수를 써넣으면서 풀이 과정을 계획합니다. (?: 구하고자 하는 것)

(큰 공 ●번)+(작은 공 ▲번)

큰 공 ⎫
작은 공 ⎭ → (성공 □번)+(실패 □번)=□번

돌려받은 돈: □원

? : 인형 맞히기에 □한 큰 공의 수와 작은 공의 수

🔢 **계획-풀기** 표를 만들어 인형 맞히기에 성공한 큰 공과 작은 공이 각각 몇 개인지 구합니다.

인형을 맞힌 큰 공의 수(개)	4	5	6	7
큰 공으로 돌려받은 금액(원)	2800	3500	4200	
인형을 맞힌 작은 공의 수(개)	9			
작은 공으로 돌려받은 금액(원)				
두 공으로 돌려받은 금액의 합(원)				

답 큰 공: , 작은 공:

8 호진이가 젤리 가게에서 딸기 맛 젤리를 멜론 맛 젤리보다 5개 더 샀습니다. 동생이 호진이가 산 젤리 수를 물어 보자 호진이가 딸기 맛 젤리 수와 멜론 맛 젤리 수를 곱하면 456이라고 말했습니다. 호진이가 산 딸기 맛 젤리는 몇 개인지 구하세요.

📝 **문제 그리기** 문제를 읽고, □ 안에 알맞은 수나 말을 써넣으면서 풀이 과정을 계획합니다. (?: 구하고자 하는 것)

(딸기 맛 젤리 수)-(멜론 맛 젤리 수)=□

(딸기 맛 젤리 수)×(멜론 맛 젤리 수)=□   ? : □ 맛 젤리 수(개)

🔢 **계획-풀기** 표를 만들어 호진이가 산 딸기 맛 젤리와 멜론 맛 젤리는 각각 몇 개인지 구합니다.

딸기 맛 젤리 수(개)	21	22		
멜론 맛 젤리 수(개)	16	17		
두 젤리 수의 곱	336			

답

9 어느 지역 광장에 있는 오각형 모양의 호수 둘레에 돌고래 모양의 돌을 놓으려고 합니다. 한 변에 256개씩 일정한 간격으로 놓을 때 돌고래 모양의 돌은 모두 몇 개 필요한지 구하세요. (단, 모든 꼭 짓점에는 반드시 돌고래 모양의 돌을 놓습니다.)

📷 **문제 그리기** 오각형의 한 변에 돌고래 모양의 돌을 3개씩 그려 보면서 문제를 단순화하여 이해하고, □ 안에 알맞은 수나 말을 써넣으면서 풀이 과정을 계획합니다. (⑦: 구하고자 하는 것)

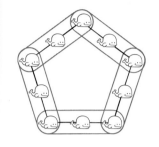

한 변에 돌고래 모양의 돌을 3개씩 놓으면 3×5= [   ] (개)인데

꼭짓점 5개가 겹치므로 필요한 돌고래 모양 돌의 수는

15- [   ] = [   ] (개)

[?] : [   ] 형의 한 변에 [   ] 개씩 놓을 때

필요한 돌고래 모양 [   ] 의 수

➕➖ **계획-풀기**

❶ 한 변에 256개씩 모든 변에 놓을 수 있는 돌고래 모양의 돌은 몇 개인지 구하기

❷ 필요한 돌고래 모양의 돌은 몇 개인지 구하기

답 _____

10 길이가 1800 m인 직선 도로의 양쪽에 5 m 간격으로 가로등을 세우려고 합니다. 직선 도로의 양쪽 모두 처음과 끝에 가로등을 세우지 않을 때 세울 수 있는 가로등은 모두 몇 개인지 구하세요.
(단, 가로등의 두께는 생각하지 않습니다.)

📷 **문제 그리기** 문제를 읽고, □ 안에 알맞은 수나 말을 써넣으면서 풀이 과정을 계획합니다. (⑦: 구하고자 하는 것)

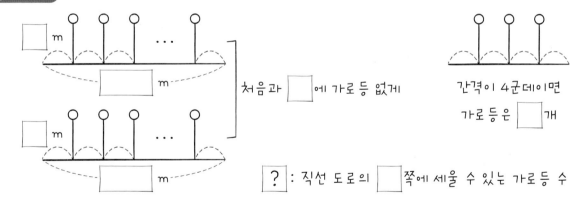

처음과 [   ] 에 가로등 없게

간격이 4군데이면 가로등은 [   ] 개

[?] : 직선 도로의 [   ] 쪽에 세울 수 있는 가로등 수

➕➖ **계획-풀기**

❶ 직선 도로의 한쪽에 세울 수 있는 가로등 사이의 간격은 몇 군데인지 구하기

❷ 직선 도로의 한쪽에 세울 수 있는 가로등은 몇 개인지 구하기

❸ 직선 도로의 양쪽에 세울 수 있는 가로등은 몇 개인 구하기

답 _____

11 어느 건물의 맨 꼭대기 63층에 방이 1개, 그 아래층에 방이 2개, 그 아래층에 방이 3개 있다고 합니다. 이와 같이 한 층 내려갈 때마다 방이 1개씩 늘어나서 1층에 방이 63개입니다. 건물에 있는 방은 모두 몇 개인지 구하세요.

문제 그리기 문제를 읽고, □ 안에 알맞은 수나 말을 써넣으면서 풀이 과정을 계획합니다. (?: 구하고자 하는 것)

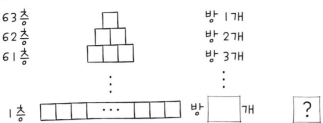

63층   방 1개
62층   방 2개
61층   방 3개
⋮   ⋮
1층 □□□□ ⋯ □□   방 □ 개   ? : □ 층 건물의 전체 □ 수

계획-풀기

❶ 같은 방식의 건물로 4층까지, 5층까지, 6층까지 있는 건물의 방 수 각각 구하기

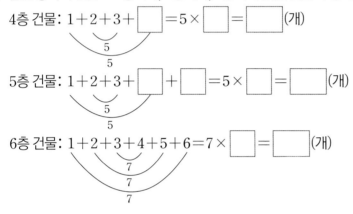

4층 건물: $1+2+3+\boxed{}=5\times\boxed{}=\boxed{}$ (개)

5층 건물: $1+2+3+\boxed{}+\boxed{}=5\times\boxed{}=\boxed{}$ (개)

6층 건물: $1+2+3+4+5+6=7\times\boxed{}=\boxed{}$ (개)

❷ ❶과 같은 방법으로 63층까지 있는 건물의 방 수 구하기

답 _____

12 허수아비의 머리카락을 만들기 위해 길이가 775 cm인 끈을 25 cm씩 자르려고 합니다. 이 끈을 가위로 한 번 자를 때마다 3초 걸린다면 모두 자르는 데 걸리는 시간은 몇 분 몇 초인지 구하세요.

문제 그리기 문제를 읽고, □ 안에 알맞은 수를 써넣으면서 풀이 과정을 계획합니다. (?: 구하고자 하는 것)

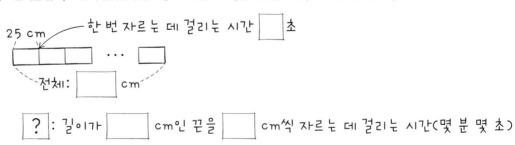

25 cm   한 번 자르는 데 걸리는 시간 □ 초

□□□ ⋯ □

전체: □ cm

? : 길이가 □ cm인 끈을 □ cm씩 자르는 데 걸리는 시간(몇 분 몇 초)

계획-풀기

❶ 끈을 모두 몇 번 잘라야 하는지 구하기

❷ 끈을 모두 자르는 데 걸리는 시간은 몇 분 몇 초인지 구하기

답 _____

13 어느 미술관에서 빨간색 벽돌과 파란색 벽돌로 쌓은 모양을 앞에서 찍은 사진을 전시하고 있습니다. 8번째 사진을 빈 곳에 그리세요.

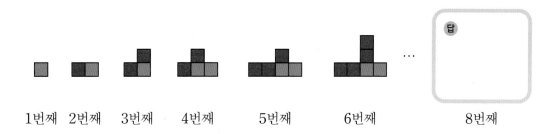

답

1번째   2번째   3번째   4번째   5번째   6번째   …   8번째

📋 **문제 그리기**   문제를 읽고, □ 안에 알맞은 수나 말을 써넣으면서 풀이 과정을 계획합니다. (②: 구하고자 하는 것)

순서	1	2	3	4	5	…
놓는 위치		왼쪽	□쪽	오른쪽	□쪽	…
색깔	파랑	□	빨강	□	빨강	…

②: □ 번째 모양

📋 **계획-풀기**

❶ 쌓은 벽돌 모양의 규칙 찾기

❷ 위의 빈 곳에 8번째 쌓은 벽돌 모양 그리기

14 희아는 꿈속에서 요술 지팡이로 땅을 1번 쳤더니 꽃 1송이가 피고, 2번 쳤더니 다시 그 위로 꽃 3송이, 3번 쳤더니 다시 그 위로 꽃 5송이가 더 피었습니다. 희아가 요술 지팡이로 땅을 19번 쳤을 때 핀 꽃은 모두 몇 송이인지 구하세요.

✱ ✱✱✱ ✱✱✱✱✱ ✱✱✱✱✱✱✱ …
1번   2번   3번   4번

📋 **문제 그리기**   문제를 읽고, □ 안에 알맞은 수나 말을 써넣으면서 풀이 과정을 계획합니다. (②: 구하고자 하는 것)

요술 지팡이(번)	1	2	3	4	…	19
꽃(송이)	1	$1+\square = 4$	$\begin{array}{c}1+\square+\square\\ =\\ \square\end{array}$	$\begin{array}{c}1+\square+\square+\square\\ =\\ \square\end{array}$	…	▲

②: 땅을 □ 번 쳤을 때 핀 □ 의 수

📋 **계획-풀기**

답 _____

15 윤서네 동네에서 봄 가요 축제가 열리는데 둘레가 4200 m인 원 모양의 광장 둘레에 70 cm 간격으로 일정하게 휴지통을 놓으려고 합니다. 휴지통은 모두 몇 개 필요한지 구하세요.

(단, 휴지통의 폭은 생각하지 않습니다.)

📷 문제 그리기 문제를 읽고, □ 안에 알맞은 수나 말을 써넣으면서 풀이 과정을 계획합니다. (❓: 구하고자 하는 것)

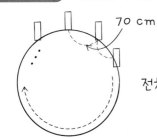

전체 둘레: 4200 m = ☐ cm   ❓ : 필요한 ☐ 수

🔢 계획-풀기

❶ 휴지통과 휴지통 사이의 간격은 몇 군데인지 구하기

❷ 필요한 휴지통은 모두 몇 개인지 구하기

답 _____

16 지구에서 우주 생물을 발견했는데 번식력이 놀라울 정도로 빠릅니다. 우주 생물은 항상 3마리씩 무게 순서대로 서서 무리를 짓습니다. 무리별 우주 생물의 무게가 다음과 같을 때 30번째 무리에 있는 우주 생물들의 무게를 구하세요.

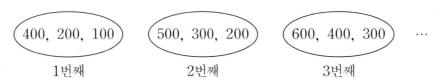

(400, 200, 100) (500, 300, 200) (600, 400, 300) ⋯
1번째   2번째   3번째

📷 문제 그리기 문제를 읽고, □ 안에 알맞은 수나 말을 써넣으면서 풀이 과정을 계획합니다. (❓: 구하고자 하는 것)

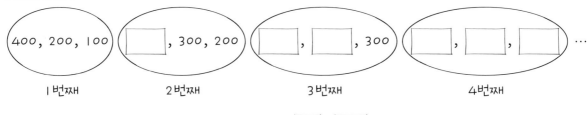

(400, 200, 100) (☐, 300, 200) (☐, ☐, 300) (☐, ☐, ☐) ⋯
1번째   2번째   3번째   4번째

❓ : ☐ 번째 무리에 있는 우주 생물들의 무게

🔢 계획-풀기

❶ 1번째, 2번째, 3번째 무리에서 가장 무거운 우주 생물의 무게 각각 구하기

❷ 무게의 규칙을 찾아 30번째 무리에 있는 우주 생물들의 무게 구하기

답 _____

17 공을 위쪽으로 던졌더니 처음에는 7 m 60 cm 올라가다가 땅으로 떨어졌습니다. 그다음부터는 땅으로부터 튀어 오르는 높이가 90 cm씩 줄어들었습니다. 공이 땅에 완전히 떨어지기 직전에는 몇 cm 튀어 오르는지 구하세요.

문제 그리기 문제를 읽고, □ 안에 알맞은 수나 말을 써넣으면서 풀이 과정을 계획합니다. (?: 구하고자 하는 것)

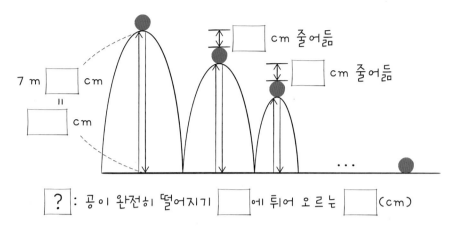

? : 공이 완전히 떨어지기 □ 에 튀어 오르는 □ (cm)

계획-풀기

❶ 나눗셈식을 세우기

❷ 공이 땅에 완전히 떨어지기 직전에 튀어 오르는 높이는 몇 cm인지 구하기

답 _____

18 해마다 쌀 판매량이 줄어 재고량이 늘고 있다고 합니다. 올해 쌀 판매량은 514000000 kg이고, 작년 쌀 판매량은 581000000 kg이었다고 합니다. 올해 쌀 판매량 수에서 '1'이 나타내는 수와 작년 쌀 판매량 수에서 '1'이 나타내는 수의 차를 구하세요.

문제 그리기 문제를 읽고, □ 안에 알맞은 수나 말을 써넣으면서 풀이 과정을 계획합니다. (?: 구하고자 하는 것)

올해(kg)	작년(kg)
514000000	□
↓	↓
●	▲

? : 올해 쌀 판매량 수와 □ 쌀 판매량 수에서 '□'이 나타내는 수의 □

계획-풀기

❶ 올해 쌀 판매량 수에서 '1'과 작년 쌀 판매량 수에서 '1'이 나타내는 수 각각 구하기

❷ 올해 쌀 판매량 수에서 '1'과 작년 쌀 판매량 수에서 '1'의 차 구하기

답 _____

19 조건을 모두 만족하는 가장 큰 16자리 수를 구하세요.

- 백억의 자리 숫자는 십만의 자리 숫자의 3배입니다.
- 67조 203억 437만에서 40억 6000만씩 커지도록 5번 뛰어 센 수와 십억의 자리 숫자, 십만의 자리 숫자, 천의 자리 숫자가 각각 같습니다.
- 1이 4개입니다.

🖐 **문제 그리기**   문제를 읽고, □ 안에 알맞은 수나 말을 써넣으면서 풀이 과정을 계획합니다. (⍰: 구하고자 하는 것)

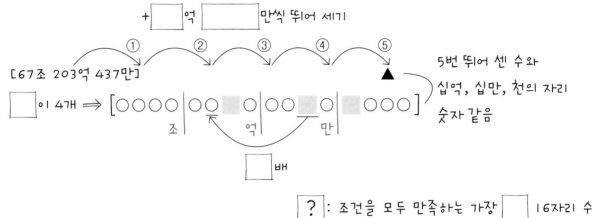

🔡 **계획-풀기**

❶ 67조 203억 437만에서 40억 6000만씩 커지도록 5번 뛰어 센 수 구하기

❷ 조건을 모두 만족하는 가장 큰 16자리 수 구하기

답 _____

20 수를 써 놓은 공 ②, ④, ⑥, ⑧, ⑨를 한 번씩만 사용하여 두 번째로 큰 세 자리 수와 가장 작은 두 자리 수를 만들어 두 수의 곱을 구하세요. (단, 세 자리 수와 두 자리 수에는 같은 수가 있을 수 있습니다.)

🖐 **문제 그리기**   문제를 읽고, □ 안에 알맞은 수나 말을 써넣으면서 풀이 과정을 계획합니다. (⍰: 구하고자 하는 것)

2, 4, □, □, □ ⟶ □ 번째로 큰 □ 자리 수: ▲

수를 □ 번씩만 사용 ⟶ 가장 □ 두 자리 수: ●

⍰ : ▲와 ●의 □

🔡 **계획-풀기**

❶ 두 번째로 큰 세 자리 수와 가장 작은 두 자리 수 각각 구하기

❷ 두 번째로 큰 세 자리 수와 가장 작은 두 자리 수의 곱 구하기

답 _____

21 2, 3을 사용하여 14자리 수를 만들려고 합니다. 그런데 3과 3이 함께 있을 수 없습니다. 2, 3을 사용하여 만들 수 있는 가장 큰 14자리 수와 가장 작은 14자리 수의 차를 구하세요. (예를 들어 33은 만들 수 없고 323이나 222는 만들 수 있습니다.)

문제 그리기 문제를 읽고, □ 안에 알맞은 수나 말을 써넣으면서 풀이 과정을 계획합니다. (□: 구하고자 하는 것)

2, □ 을 사용한 □ 자리 수 ⇒ ○○○│○○○○│○○○○│○○○
조　　　억　　　만

(3과 □ 을 붙이면 안 됨)

□? : 가장 큰 □ 자리 수와 가장 작은 □ 자리 수의 □

계획-풀기

❶ 가장 큰 14자리 수와 가장 작은 14자리 수를 각각 구하기

❷ 가장 큰 14자리 수와 가장 작은 14자리 수의 차 구하기

답 _____

22 이번 달에 해 지역과 달 지역을 바로 연결하는 길이가 8 km 300 m인 새로운 다리를 완공합니다. 저번 달까지 길이가 330 m인 기차로 옛날 다리로 간 거리는 새로운 다리로 가는 거리의 7배나 되는 거리를 돌아서 갔습니다. 새로운 다리를 완공하기 전에 옛날 다리로 기차가 해 지역부터 달 지역까지 간 거리는 몇 m인지 구하세요.

문제 그리기 문제를 읽고, □ 안에 알맞은 수나 말을 써넣으면서 풀이 과정을 계획합니다. (□: 구하고자 하는 것)

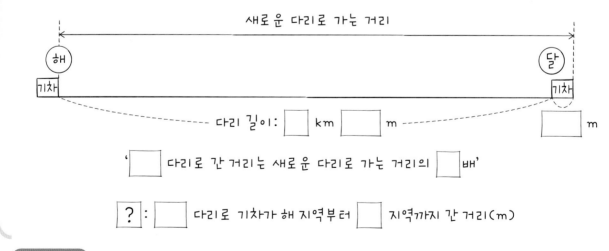

'□ 다리로 간 거리는 새로운 다리로 가는 거리의 □ 배'

□? : □ 다리로 기차가 해 지역부터 □ 지역까지 간 거리(m)

계획-풀기

❶ 이번 달에 새로운 다리로 기차가 가는 거리는 몇 m인지 구하기

❷ 옛날 다리로 기차가 해 지역부터 달 지역까지 간 거리는 몇 m인지 구하기

답 _____

23 오른쪽 그림과 같이 육각형 모양의 정원에 수 '100000000001'을 써놓은 돌을 놓았습니다. 각 변마다 돌을 96개씩 놓고, 모든 꼭짓점마다 같은 돌을 1개씩 정원 안쪽에 더 놓았습니다. 돌들에 써 놓은 수의 합을 정원 앞에 쓰려고 합니다. 어떤 수를 써야 하는지 구하세요.

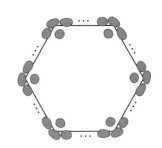

📷 **문제 그리기** 문제를 읽고, □ 안에 알맞은 수나 말을 써넣으면서 풀이 과정을 계획합니다. (②: 구하고자 하는 것)

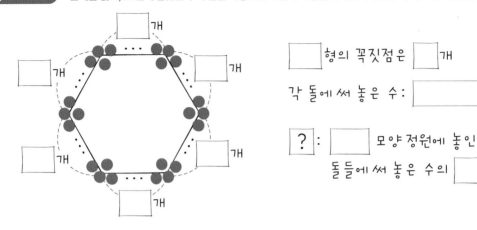

□ 형의 꼭짓점은 □ 개

각 돌에 써 놓은 수: _____

? : □ 모양 정원에 놓인
돌들에 써 놓은 수의 □

🔢 **계획-풀기**

❶ 육각형 모양 정원에 놓은 돌의 수 구하기

❷ 육각형 모양 정원 둘레에 놓인 돌들에 써 놓은 수의 합 구하기

답 _____

24 산봉우리가 8개인 무지개산의 봉우리 한 개를 올라갈 때는 원래 몸무게의 100배로 늘어나고 내려올 때는 늘어난 몸무게의 $\frac{1}{10}$로 줄어듭니다. 무지개산을 오르기 전의 몸무게가 202 kg인 거인이 산봉우리 8개를 모두 오르고 내린 후의 몸무게는 몇 g으로 바뀌는지 구하세요.

📷 **문제 그리기** 문제를 읽고, □ 안에 알맞은 수나 말 또는 번호를 써넣으면서 풀이 과정을 계획합니다. (②: 구하고자 하는 것)

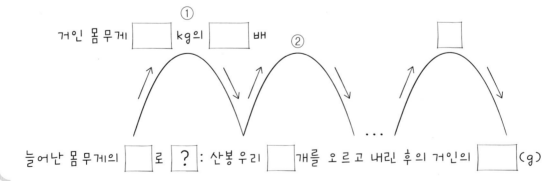

거인 몸 무게 □ kg의 □ ① 배   ②   □

늘어난 몸 무게의 □ 로 ? : 산봉우리 □ 개를 오르고 내린 후의 거인의 □ (g)

🔢 **계획-풀기**

❶ 산봉우리 8개를 모두 올라가고 내려올 때 몸무게는 원래 몸무게의 몇 배인지 구하기

❷ 거인이 산봉우리 8개를 모두 올라가고 내려올 때 몸무게는 몇 g인지 구하기

답 _____

1 수연이는 3월까지 받은 용돈으로 45000원을 모았습니다. 4월부터는 용돈이 올라서 매월 17000원씩 모을 수 있습니다. 그런데 홀수 달은 5000원씩 더 모을 수 있습니다. 수연이가 지금까지 모은 전체 금액이 15만 원을 처음으로 넘는 달은 몇 월인지 구하세요.

📅 **문제 그리기** 문제를 읽고, □ 안에 알맞은 수나 말을 써넣으면서 풀이 과정을 계획합니다. (?: 구하고자 하는 것)

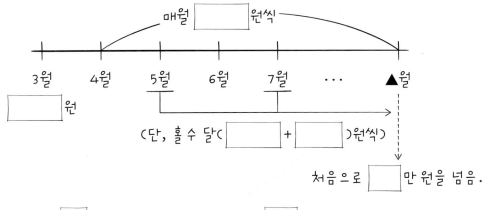

매월 □ 원씩

3월   4월   5월   6월   7월   ···   ▲월

□ 원

(단, 홀수 달(□ + □)원씩)

처음으로 □ 만 원을 넘음.

? : 처음으로 모은 전체 금액이 □ 만 원을 넘는 달(▲월)

🔢 **계획-풀기**

답 _____

2 찢어진 번호표의 일곱 자리 수를 구하세요.

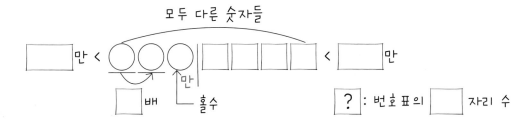

3517

• 200만보다 크고 350만보다 작습니다.
• 만의 자리 숫자는 홀수입니다.
• 십만의 자리 숫자는 백만의 자리 숫자의 2배입니다.
• 같은 숫자는 없습니다.

📅 **문제 그리기** 문제를 읽고, □ 안에 알맞은 수나 말을 써넣으면서 풀이 과정을 계획합니다. (?: 구하고자 하는 것)

모두 다른 숫자들

□ 만 < ○ ○ ○ □ □ □ □ < □ 만
              만
         □ 배 └ 홀수

? : 번호표의 □ 자리 수

🔢 **계획-풀기**

답 _____

3 ㉠은 ㉡의 몇 배인지 구하세요.

> • 100억은 100만의 ㉠배입니다.
>
> • 10조는 1000억의 ㉡배입니다.

🎨 **문제 그리기** 문제를 읽고, □ 안에 알맞은 수나 기호를 써넣으면서 풀이 과정을 계획합니다. (❓: 구하고자 하는 것)

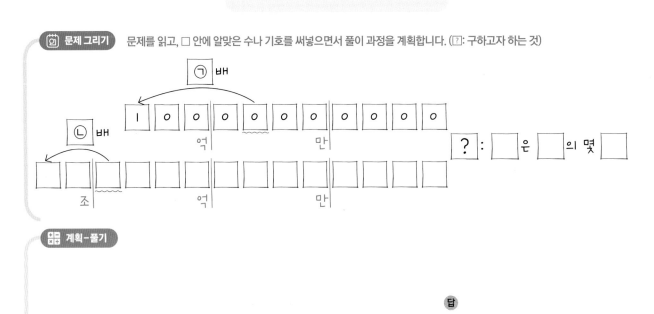

🔢 **계획-풀기**

답 _____

---

4 □ 안에 알맞은 수를 써넣으세요.

```
      3 □ 7
  ×     □ □
  ───────────
    1 □ 2 8
  2 □ 4 □
  ───────────
  2 2 □ 4 8
```

🎨 **문제 그리기** 문제의 세로셈 조건을 보고, □ 안에 알맞은 수나 말을 써넣으면서 풀이 과정을 계획합니다. (❓: 구하고자 하는 것)

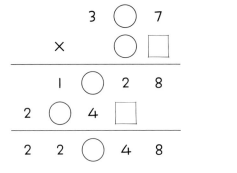

```
      3 ◯ 7
  ×     ◯ □
  ───────────
    1 ◯ 2 8
  2 ◯ 4 □
  ───────────
  2 2 ◯ 4 8
```

❓ : 빈칸에 알맞은 □

🔢 **계획-풀기**

5 민이 어머니는 몸을 따뜻하게 하기 위해 꿀을 매일 하루에 17 mL씩 드셔서 전체 양을 남김없이 다 드셨다고 합니다. 꿀의 전체 양이 356 mL이었다면 민이 어머니가 꿀을 며칠 동안 드신 것인지 구하세요.

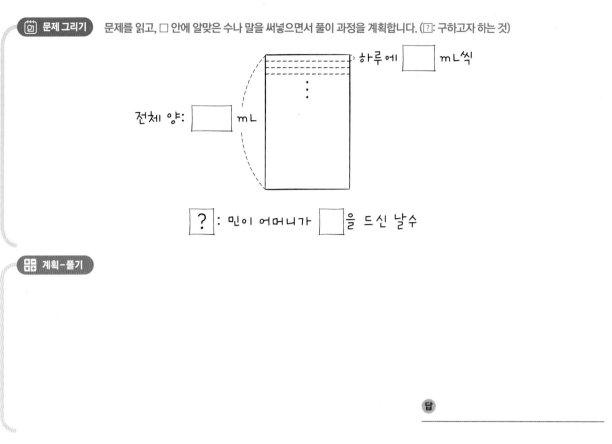

문제 그리기 │ 문제를 읽고, □ 안에 알맞은 수나 말을 써넣으면서 풀이 과정을 계획합니다. (?: 구하고자 하는 것)

하루에 ☐ mL씩

전체 양: ☐ mL

? : 민이 어머니가 ☐ 을 드신 날수

계획-풀기

답 _____

---

6 집 앞 문구점에서 한 자루에 950원 하는 볼펜이 차를 타고 가야 하는 할인 마트에서는 540원입니다. 집에서 할인 마트까지 왕복 교통비는 2300원입니다. 할인 마트에서 문구점보다 볼펜을 더 싸게 사려면 볼펜을 최소 몇 자루 사야 하는지 구하세요.

문제 그리기 │ 문제를 읽고, □ 안에 알맞은 수나 말을 써넣으면서 풀이 과정을 계획합니다. (?: 구하고자 하는 것)

[문구점] 볼펜 한 자루　　　　　　　　　　　　　　[할인 마트] 볼펜 한 자루

[집] ☐ 원　　　　　　　　　　　　　　　　　　　☐ 원

왕복 교통비 ☐ 원

? : 할인 마트에서 문구점보다 더 ☐ 사기 위한 ☐ 볼펜 수(자루)

계획-풀기

답 _____

7 하진이는 하루에 25분씩 월요일인 오늘부터 매일 운동을 하기로 계획했습니다. 그런데 일요일은 쉰다고 합니다. 하진이가 계획한 대로 하면 1년 동안 운동하는 시간은 모두 몇 시간 몇 분인지 구하세요. (단, 1년은 365일로 생각합니다.)

문제 그리기 문제를 읽고, □ 안에 알맞은 수나 말을 써넣으면서 풀이 과정을 계획합니다. (?: 구하고자 하는 것)

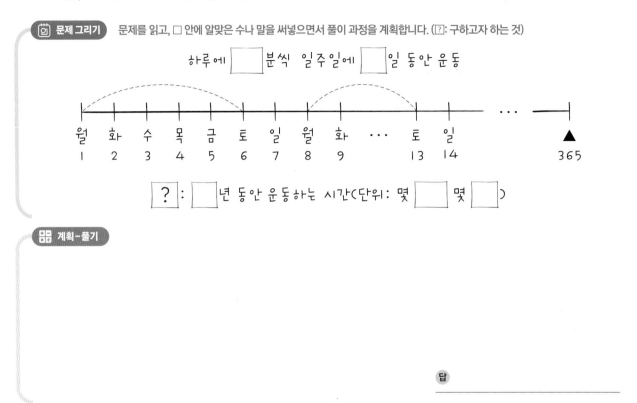

계획-풀기

답 _____

8 배추 씨앗 684개를 한 줄에 17개씩 모든 줄에 똑같이 심으려고 합니다. 마지막 줄도 똑같이 심기 위해 더 필요한 배추 씨앗은 몇 개인지 구하세요.

문제 그리기 문제를 읽고, □ 안에 알맞은 수나 말을 써넣으면서 풀이 과정을 계획합니다. (?: 구하고자 하는 것)

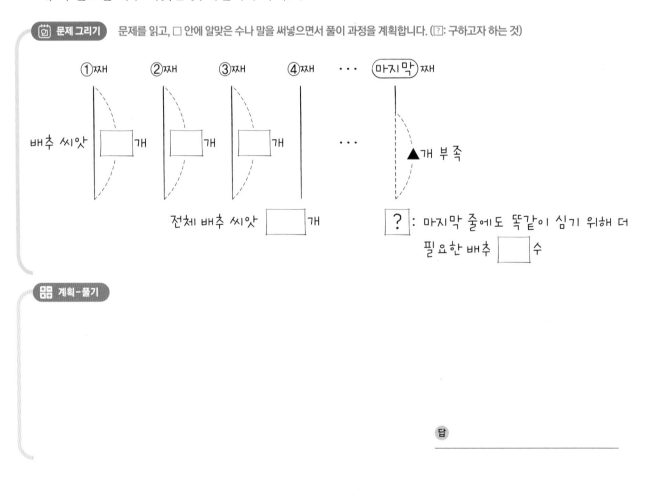

계획-풀기

답 _____

9 긴 변의 길이가 1024 cm, 짧은 변의 길이가 912 cm인 직사각형 모양의 색 도화지를 잘라서 학교 운동장에 놓을 커다란 조각물에 붙이려고 합니다. 이 색 도화지를 한 변의 길이가 16 cm인 정사각형 모양으로 자르면 정사각형 모양의 종이는 모두 몇 장 만들 수 있는지 구하세요.

📷 **문제 그리기** 문제를 읽고, □ 안에 알맞은 수나 말을 써넣으면서 풀이 과정을 계획합니다. (⬚: 구하고자 하는 것)

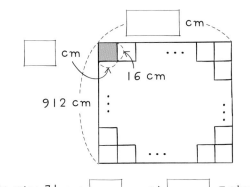

?⃞ : 한 변의 길이가 ▢ cm인 ▢ 모양의 종이 수

🔢 **계획-풀기**

답 _____

10 과녁 모양의 길로 연결하는 정원을 만드는 데 길의 폭은 8 m입니다. 맨 안쪽 가장 작은 원은 정원이고, 그다음 도넛 모양은 길입니다. 정원 둘레에는 가로등을 2개, 그다음 8 m 떨어진 곳에 만드는 원 둘레에는 이전 가로등과 같은 위치에 세우고, 그사이에 다시 가로등을 하나씩 놓는 것을 반복합니다. 정원이 1번째 원일 때 8번째 원 둘레에 세울 수 있는 가로등은 몇 개인지 구하세요.

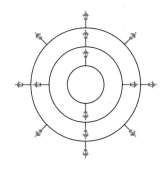

📷 **문제 그리기** 문제를 읽고, □ 안에 알맞은 수나 말을 써넣으면서 풀이 과정을 계획합니다. (⬚: 구하고자 하는 것)

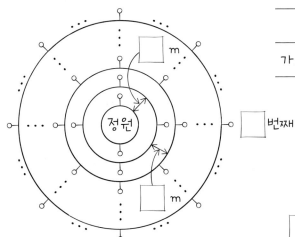

순서	1	2	3	4	⋯	▢
가로등 수(개)	2	▢	▢	⋯	⋯	▲

?⃞ : ▢ 번째 원 둘레에 세울 수 있는 ▢ 수

🔢 **계획-풀기**

답 _____

11 0부터 9까지의 숫자 중에서 7개의 숫자를 두 번씩 사용하여 천만의 자리 숫자와 천의 자리 숫자의 합이 5인 수를 만들려고 합니다. 만들 수 있는 수 중에서 두 번째로 큰 수를 구하세요.

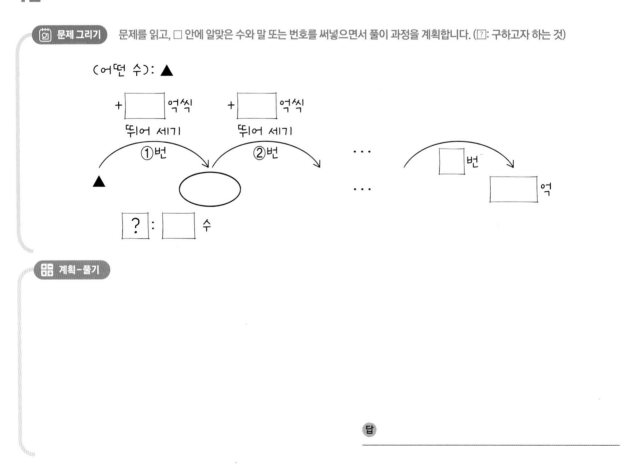

13 967에 어떤 수를 곱해야 할 것을 잘못하여 어떤 수로 나누었더니 몫이 19이고 나머지가 17이었습니다. 바르게 계산하면 얼마가 되는지 구하세요.

문제 그리기 문제를 읽고, □ 안에 알맞은 수나 말을 써넣으면서 풀이 과정을 계획합니다. (?: 구하고자 하는 것)

바르게 계산: [ ] ×(어떤 수)

잘못한 계산: [ ] ÷(어떤 수)=19··· [ ]
　　　　　　　　　　　　　　　　　몫　　나머지

[?] : [ ] 계산한 값

계획-풀기

답 _____

14 □ 안에 들어갈 수 있는 가장 작은 자연수를 구하세요.

$$989 < 13 \times \boxed{}$$

문제 그리기 문제를 읽고, □ 안에 알맞은 말을 써넣으면서 풀이 과정을 계획합니다. (?: 구하고자 하는 것)

[ ] < [ ] ×▲

[?] : ▲에 들어갈 수 있는 가장 [ ] 자연수

계획-풀기

답 _____

15 1부터 9까지의 자연수가 쓰여 있는 수 카드 9장 중에서 6장을 한 번씩만 사용하여 다음 식을 만들려고 합니다. 계산 결과가 가장 큰 값과 가장 작은 값의 합을 구하세요. (단, 곱셈을 가장 먼저 계산합니다.)

$$\boxed{}\boxed{}\boxed{} \times \boxed{} - \boxed{}\boxed{}$$

📖 문제 그리기 문제를 읽고, □ 안에 알맞은 수나 말을 써넣으면서 풀이 과정을 계획합니다. (❓: 구하고자 하는 것)

(1, 2, 3, 4, 5, 6, 7, ☐ , ☐)가 쓰여 있는 수 카드 중에서 ☐ 장을 ☐ 번씩만 사용하여 식 ○○○×○-○○ 만들어 계산하기

❓ : 계산 결과가 가장 ☐ 값과 가장 ☐ 값의 ☐

🔢 계획-풀기

답 _____

16 달이네 마을에는 동과수원과 서과수원이 있습니다. 사과를 매일 하루에 동과수원에서는 670개씩 수확하고, 서과수원에서는 543개씩 수확한다고 합니다. 9월 한 달 동안 두 과수원에서 수확한 사과는 모두 몇 개인지 구하세요.

📖 문제 그리기 문제를 읽고, □ 안에 알맞은 수나 말을 써넣으면서 풀이 과정을 계획합니다. (❓: 구하고자 하는 것)

동과수원 수확량   서과수원 수확량

매일 ☐ 개   매일 ☐ 개

☐ 월 한 달 동안(☐ 일)

❓ : ☐ 월 한 달 동안 동과수원과 서과수원 전체 사과 ☐ (개)

🔢 계획-풀기

답 _____

64

1 다음 달팽이 모양에서 ◯ 안에는 부등호에 맞게 수가 들어갑니다. 파란색 부등호에 대해서는 ㉠<㉡에서 ㉡은 ㉠보다 1000만큼 큰 수이고, 회색 부등호에 대해서는 1000보다 큰 수일 수 있습니다. 가장 큰 수가 들어가는 ◯ 안을 색칠하고 그 수를 구하세요.

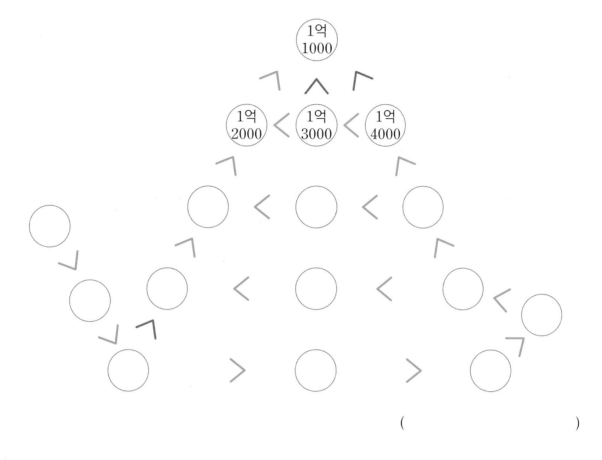

(   )

2 연속하는 자연수 5개의 합이 5억 5000만 515일 때 가장 큰 수를 구하세요.

(   )

3 삼각형 모양으로 수를 쓰는 방법을 상상해 보세요. 다음과 같이 0부터 9까지의 수를 사용하여 연속하는 네 자리 수를 나타낼 때 9는 천의 자리 숫자이고, 그 위의 숫자는 백의 자리 숫자이고, 위부터 시계 방향으로 자리 수가 작아집니다. □ 안에 연속하는 네 자리 수 4개를 각각 써넣으세요. (단, 같은 모양은 같은 숫자를 나타냅니다.)

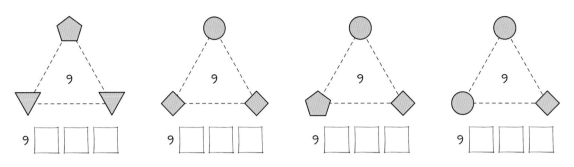

4 선우의 어머니는 할머니께서 담은 간장을 받아 지하 창고의 장에 넣어 두었습니다. 각 칸마다 양을 같게 하여 1560 mL가 되도록 맞추어 놓았습니다. 간장은 유리병의 크기에 따라 3종류가 있습니다. 작은 유리병에 들어 있어 있는 간장의 양부터 몇 mL인지 차례대로 쓰세요.

맨 아래에 있는 칸과 중간에 있는 칸의 유리병 수를 비교해요.

(   )

1 곰 아저씨네 붕어빵 가게에서는 붕어빵을 한 번에 10개씩 구울 수 있습니다. 맛있는 붕어빵을 만들기 위해서는 앞면과 뒷면을 각각 1분 30초씩 구워야 합니다. 어느 날, 갑자기 손님 15명이 한꺼번에 몰려들었습니다. 붕어빵 10개를 굽는 데는 3분이 걸립니다. 붕어빵 15개를 구우려면 10개를 다 구운 다음 5개를 구워야 하므로 6분이나 걸립니다. 그런데 손님들은 계속해서 줄을 서고 있습니다. 좀 더 빠르게 붕어빵 15개를 구울 방법은 없을까요? 붕어빵 15개를 가장 빠르게 구우면 몇 분 몇 초가 걸리는지 구하세요.

(   )

2 성희는 내일까지 학급 선거를 위해 포스터와 발표문을 준비해야 합니다. 그런데 수학 숙제도 있어서 시간이 너무 많이 필요합니다. 이때 오빠가 해야 할 일을 먼저 정리하고 순서를 정하라고 알려주었습니다. 성희는 해야 할 일을 다음과 같이 정리하고 이 순서대로 했더니 3시간 20분이나 걸려 밤늦게까지 하는 바람에 다음날 늦잠을 자고 말았습니다. 성희가 학급 선거 준비와 수학 숙제를 최대한 빨리 해결할 수 있는 방법으로 순서를 다시 정할 때 걸리는 시간을 구하세요.

해야 할 일

- 포스터 그리기(30분)
- 포스터물감 말리기(80분)
- 포스터를 두꺼운 도화지에 붙이기(10분)
- 발표문 쓰기(40분)
- 수학 숙제하기(40분)

일의 순서

→ 포스터 그리기 → 포스터물감 말리기 →
포스터를 두꺼운 도화지에 붙이기 → 발표
문 쓰기 → 수학 숙제하기

(   )

3 보기 의 ① 337, ② 386과 같은 여러 수를 계산할 때 그 값을 어림하기 위해서는 어떤 수를 생각해야 할까요? ①은 300에 가깝고, ②는 400에 가깝습니다. 이처럼 300과 400의 가운데 값인 350을 기준으로 해당하는 수가 어디에 가까운지에 따라 그 어림값을 정하는 방법을 '반올림'이라고 합니다.

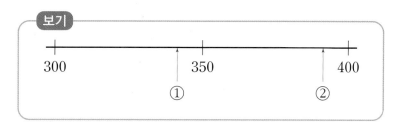

민영이가 문구점에 얼마를 가지고 가야 하는지 반올림을 이용하여 어림하세요.

공책 한 권에 780원인데 5권을 사야 하고, 연필은 한 상자에 1480원인데 2상자를 사야 해. 지우개는 980원인데 한 개를 사야 해. 그럼 문구점에 몇천 원을 가지고 가야 거스름돈이 가장 적을까?

민영

(   )

단원 연계

3학년 1학기

원
- 원의 중심, 반지름, 지름
- 원의 성질

들이와 무게
- 들이와 무게의 단위
- 들이와 무게의 덧셈과 뺄셈

4학년 1학기

각도
- 각의 크기
- 각도의 합과 차
- 삼각형의 세 각의 크기의 합
- 사각형의 네 각의 크기의 합

평면도형의 이동
- 점의 이동
- 평면도형 밀기, 뒤집기, 돌리기

4학년 2학기

삼각형
- 이등변삼각형, 정삼각형
- 직각삼각형, 예각삼각형, 둔각삼각형

사각형
- 수직과 평행
- 사다리꼴, 평행사변형, 마름모

다각형
- 다각형과 정다각형

이 단원에서 사용하는 전략

- 식 세우기
- 문제정보 복합적으로 나타내기
- 단순화하기·규칙 찾기

PART 2

도형과 측정

관련 단원   각도 | 평면도형의 이동

개념 떠올리기

각도를 재고 각을 그릴 줄 아나요?

1 각도기로 각도를 재는 순서대로 1, 2, 3을 쓰세요.

각도기의 밑금을 각의 한 변에 맞추기	각도기의 중심을 각의 꼭짓점에 맞추기	각의 나머지 변이 각도기의 눈금과 만나는 부분 읽기
( )	( )	( )

2 각도기와 자를 이용하여 각도가 $\square$°인 각 ㄱㄴㄷ을 그리는 순서대로 1, 2, 3, 4를 쓰세요.

각도기의 중심과 점 ㄴ을 맞추고, 각도기의 밑금과 각의 한 변인 ㄴㄷ을 맞추기 (   )

각도기의 밑금에서 시작하여 각도가 $\square$°가 되는 눈금에 점 ㄱ을 표시하기 (   )

자를 이용하여 각의 한 변인 ㄴㄷ을 그리기 (   )

각도기를 떼고, 자를 이용하여 변 ㄱㄴ을 그어 각도가 $\square$°인 각 ㄱㄴㄷ을 완성하기 (   )

이런! 그렇게 다양한 종류의 각을 알고 각도를 더하고 뺄 수도 있다고요?

3 도형 안에 예각, 둔각, 직각은 각각 몇 개 있는지 구하세요.

❶

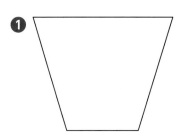

❷

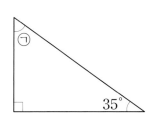

예각 (   )   예각 (   )

둔각 (   )   둔각 (   )

직각 (   )   직각 (   )

4 도형에서 ㉠, ㉡, ㉢＋㉣, ㉤＋㉥의 각도를 각각 구하세요.

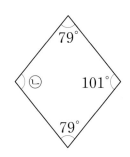

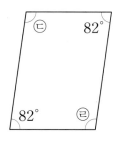

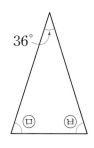

㉠ (   )

㉡ (   )

㉢＋㉣ (   )

㉤＋㉥ (   )

우리 집 식탁 모양은 [ ] 오각형이에요.

엄마는 급하게 다니는 나에게 늘 말씀하시지요.
"예각인 부분에 부딪히지 않게 조심해."라고요.
그리고 "접시는 둔각인 쪽에 놓아야 해."라고도 하세요.
엄마가 말씀하신 예각과 둔각을 알아들었다니 놀랍다고요? 우하하하.

5 카드를 오른쪽으로 밀었을 때의 모양을 그리세요.

6 주어진 모양을 뒤집었을 때 다음과 같은 모양이 되었습니다. 어떻게 뒤집은 모양인지 모두 찾아 기호를 쓰세요.

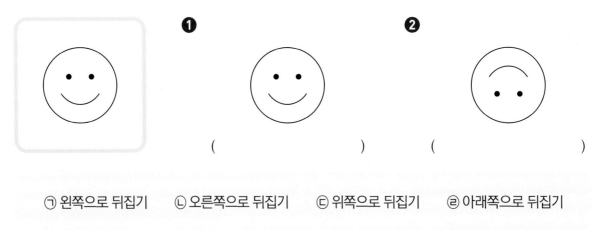

❶ (   )   ❷ (   )

㉠ 왼쪽으로 뒤집기   ㉡ 오른쪽으로 뒤집기   ㉢ 위쪽으로 뒤집기   ㉣ 아래쪽으로 뒤집기

7 왼쪽 도형을 시계 방향으로 90°만큼 17번 돌렸을 때의 도형을 오른쪽에 그리고, 그 도형을 시계 반대 방향으로 180°만큼 3번 돌린 뒤 오른쪽으로 11번 밀었을 때의 도형을 아래쪽에 그리세요.

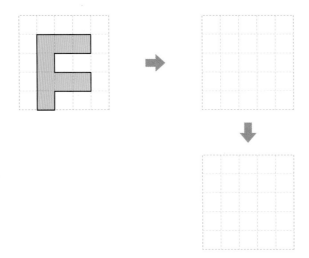

식 세워서 풀기?

문제를 풀기 위해서 식을 세울 때, 머리로만 계산을 해서 답을 구하려고 하면 실수를 할 수도 있고 단계를 빠뜨릴 수 있습니다. 어떻게 풀지를 생각하면서 '계획'을 식으로 나타내면 보다 정확하게 문제를 해결할 수 있습니다. 이 전략을 '식 세우기'라고 합니다.

도대체 왜 자꾸 틀리는 걸까요?
그냥 머릿속으로 식을 생각하면서 계산했을 뿐이에요!

문제를 어떻게 풀 것인지 계획하는데 그 계획이 바로 '식'이에요. 그렇게 계획을 세우고 그대로 하면 돼요. 그때 계산을 하는 거지요.

내가 어떻게 풀어야 할지를 생각하면서 계산하면 생각하는 거 아닌가요?

바로 그 계획을 다 머릿속에 두고 계산하면 답이 틀리는 경우가 많아요. 그다음 무엇을 할지 잊어버려서 그래요. 머릿속에 그것을 다 두면 머리가 힘들거든요. 그러니까 계획을 눈에 보이게 세우면 정리가 된답니다.

아, 맞아요! 맨날 실수라고 생각했는데 앞으로는 계획을! 식을 세워서 할게요!

1 도형에서 ㉠의 각도는 몇 도인지 구하세요.

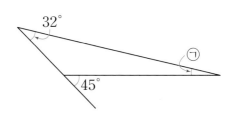

문제를 읽고, □ 안에 알맞은 수나 기호를 써넣으면서 풀이 과정을 계획합니다. (?: 구하고자 하는 것)

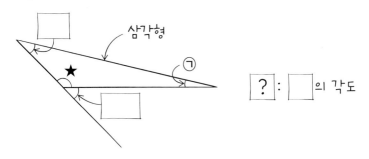

$?$: □ 의 각도

계획-풀기 □ 안에 알맞은 수를 쓰거나 틀린 부분에 밑줄을 긋고, 그 부분을 바르게 고친 것을 화살표 오른쪽에 씁니다.

❶ 한 직선이 이루는 각도는 $180°$이므로 ★ $= 180° -$ □ $° =$ □ $°$

❷ 삼각형의 세 각의 크기의 합은 $280°$임을 이용하여 식을 세워 풀면

$32° + 135° + ㉠ = 280°$
$167° + ㉠ = 280°$
$㉠ = 280° - 167° = 113°$

→

❸ 따라서 ㉠의 각도는 $113°$입니다.

→

답 _____

확인하기 문제를 풀기 위해 배워서 적용한 전략에 ○표 하세요.

식 세우기 ( )　　　　　　　문제정보 복합적으로 나타내기 ( )

2 직사각형 모양의 띠종이를 그림과 같이 접었습니다. ㉠의 각도는 몇 도인지 구하세요.

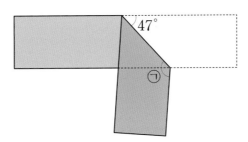

문제를 읽고, □ 안에 알맞은 수나 기호를 써넣으면서 풀이 과정을 계획합니다. (⑦: 구하고자 하는 것)

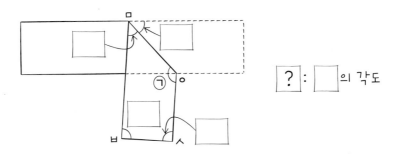

$$? : \boxed{} \text{의 각도}$$

틀린 부분에 밑줄을 긋고, 그 부분을 바르게 고친 것을 화살표 오른쪽에 씁니다.

❶ 띠종이를 접어서 만들어진 사각형 ㅁㅂㅅㅇ의 네 각의 크기의 합은 420°임을 이용하여 식을 세우면
   $90° + 90° + 38° + ㉠ = 420°$

→

❷ ❶의 식에서 ㉠의 각도를 구하면
   $218° + ㉠ = 420°$,
   $㉠ = 420° - 218° = 202°$입니다.

→

❸ 따라서 ㉠의 각도는 202°입니다.

→

답 _____

문제를 풀기 위해 배워서 적용한 전략에 ○표 하세요.

식 세우기　　(　)　　　　　　　　　예상하고 확인하기　　(　)

문제정보를 복합적으로 나타내기?

문제에서 알려 주는 정보를 하나하나 잘 확인하고 식이나 간단한 그림으로 나타내어 문제를 해결하는 방법입니다. 신기하지요? 문제 조건만을 나타내도 문제를 풀 수 있다는 것이 말이에요.

그것이 무슨 말이에요?

문제에서 제시한 정보를 나타내는 거예요. 쓰거나 그려 봐요! 그냥 읽기만 하면 구하고자 하는 것이 무엇인지 잘 연결되지 않거든요. 여기서 중요한 것은 주어진 조건을 그대로 나타내서 구하고자 하는 것과 그 정보를 연결하는 거예요.

어려워요!

문제에서 알려 주는 정보를 다 사용하여 그대로 나타낸다는 거예요. 수를 그대로 쓰거나 식을 세울 수도 있고요. 표로 나타내거나 간단한 그림을 그리면서 풀릴 수도 있답니다.

당장 해 봐야겠어요!

1 현정이가 친구와 만나기로 한 장소에 늦게 도착하지 않으려면 집에서 약속한 시각보다 1시간 30분 전에 출발해야 합니다. 약속한 시각은 오후 3시 45분이고, 집에서 출발해야 하는 시각은 오후 2시 15분입니다. 현정이가 집에서 출발해야 하는 시각과 약속한 시각 중에서 시계의 긴바늘과 짧은바늘이 이루는 작은 쪽의 각이 둔각인 것은 어느 것인지 쓰세요.

📷 문제 그리기 약속한 시각의 시곗바늘을 그리고, 시계의 시곗바늘이 이루는 작은 쪽의 각을 각각 표시하고, □ 안에 알맞은 말을 써넣으면서 풀이 과정을 계획합니다. (❓: 구하고자 하는 것)

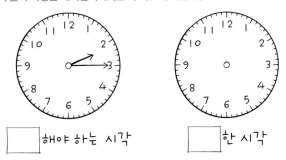

┌─────┐
│   │해야 하는 시각   ┌─────┐
└─────┘   │   │한 시각
                             └─────┘

┌─────┐
│ ? │: 출발해야 하는 시각과 약속한 시각 중 두 시곗바늘의 ┌─────┐ 쪽의 각이 ┌─────┐ 인 것
└─────┘   └─────┘   └─────┘

➗ 계획-풀기 틀린 부분에 밑줄을 긋고 그 부분을 바르게 고친 것을 화살표 오른쪽에 씁니다.

❶ 둔각은 각도가 0°보다 크고 직각보다 작은 각입니다.

→

❷ 따라서 시계의 긴바늘과 짧은바늘이 이루는 작은 쪽의 각 중에서 각이 예각인 것은 약속한 시각이고, 둔각인 것은 출발해야 하는 시각입니다.

→

답 _____

💡 확인하기 문제를 풀기 위해 배워서 적용한 전략에 ○표 하세요.

식 세우기 　　(　　)　　　　　　　　문제정보 복합적으로 나타내기 　　(　　)

2 어떤 도형을 아래쪽으로 7번 뒤집고 위쪽으로 2 cm, 왼쪽으로 3 cm 밀었더니 오른쪽 도형이 되었습니다. 처음에 어떤 도형이었는지 그리세요. (단, 뒤집기로 도형의 위치는 바뀌지 않습니다.)

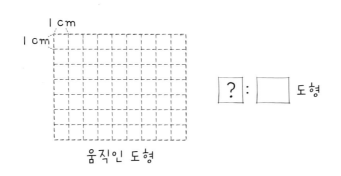

📷 **문제 그리기** 문제를 읽고, 모눈에 움직인 도형을 그리고, □ 안에 알맞은 말을 써넣으면서 풀이 과정을 계획합니다. (📝: 구하고자 하는 것)

움직인 도형

?│: │   │ 도형

🔲 **계획-풀기** □ 안에 알맞은 수를 써넣고 모눈에 도형을 그리며, 틀린 부분에 밑줄을 긋고 그 부분을 바르게 고친 것을 화살표 오른쪽에 씁니다.

❶ 거꾸로 움직이기 위해서 움직인 도형을 오른쪽으로 □ cm, 아래쪽으로 □ cm 밀기를 합니다.

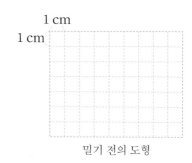

밀기 전의 도형

❷ 도형을 2번 뒤집은 도형은 원래 도형과 같으므로 도형을 3번 뒤집은 도형도 원래 도형과 같습니다.

→

❸ 따라서 아래쪽으로 7번 뒤집기 전의 도형은 원래 도형과 같습니다.

→

❹ 처음 도형을 그립니다.

답

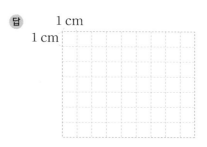

💡 **확인하기** 문제를 풀기 위해 배워서 적용한 전략에 ○표 하세요.

식 세우기 ( ) 　　　　　　　　　　문제정보 복합적으로 나타내기 ( )

1 오른쪽은 두 삼각형을 겹쳐 놓은 모양입니다. ㉠의 각도는 몇 도인지 구하세요.

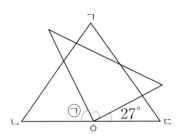

📷 **문제 그리기**   문제를 읽고, □ 안에 알맞은 각도나 수 또는 기호를 써넣으면서 풀이 과정을 계획합니다. (?: 구하고자 하는 것)

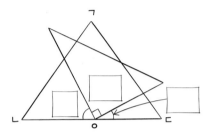 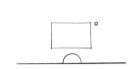 

? : □의 각도

🔢 **계획-풀기**

❶ 각 ㄴㅇㄷ의 크기 구하기

❷ ㉠의 각도 구하기

답 _____

2 오른쪽은 직선을 크기가 같은 각 5개로 나눈 것입니다. 각 ㄴㅇㄹ의 크기는 몇 도인지 구하세요.

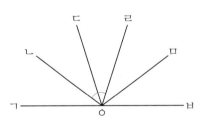

📷 **문제 그리기**   문제를 읽고, □ 안에 알맞은 수나 기호를 써넣으면서 풀이 과정을 계획합니다. (?: 구하고자 하는 것)

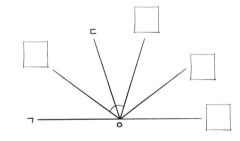

직선을 크기가 같은 각 □개로 나누었습니다.

? : 각 □의 크기

🔢 **계획-풀기**

❶ 가장 작은 각 한 개의 각도 구하기

❷ 각 ㄴㅇㄹ의 크기 구하기

답 _____

3 오른쪽 오각형에서 ㉠과 ㉡의 각도의 합은 몇 도인지 구하세요.

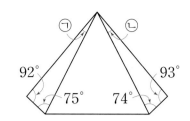

📷 **문제 그리기**   문제를 읽고, □ 안에 알맞은 각도나 말 또는 기호를 써넣으면서 풀이 과정을 계획합니다. (❓: 구하고자 하는 것)

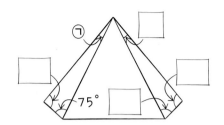

삼각형의 세 각의 크기의 합: ⬚

❓ : ㉠과 ⬚ 의 각도의 ⬚

🔢 **계획–풀기**

❶ 오각형의 다섯 각의 크기의 합 구하기

❷ ❶을 이용한 식을 세워 ㉠과 ㉡의 각도의 합 구하기

답 _____

4 오른쪽 그림과 같이 두 직각 삼각자를 겹치지 않게 붙였습니다. ㉠의 각도는 몇 도인지 구하세요.

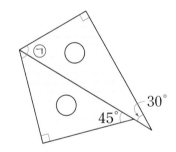

📷 **문제 그리기**   문제를 읽고, □ 안에 알맞은 각도나 기호를 써넣으면서 풀이 과정을 계획합니다. (❓: 구하고자 하는 것)

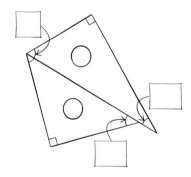

❓ : ⬚ 의 각도

🔢 **계획–풀기**

❶ 두 삼각형의 여섯 각의 크기의 합 구하기

❷ ❶을 이용한 식을 세워 ㉠의 각도 구하기

답 _____

5 수 카드 5장 중에서 4장을 뽑아 한 번씩만 사용하여 가장 큰 네 자리 수를 만들었습니다. 만든 수를 시계 방향으로 180°만큼 돌렸을 때 만들어지는 수와 처음 만든 수의 차를 구하세요.

$$\boxed{5}\ \boxed{9}\ \boxed{0}\ \boxed{1}\ \boxed{8}$$

[문제 그리기] 문제를 읽고, □ 안에 알맞은 수나 말을 써넣으면서 풀이 과정을 계획합니다. (?: 구하고자 하는 것)

주어진 수 카드 5장 □, □, □, □, □ 중에서 □장을 뽑아

가장 □ 네 자리 수를 만들고 그 수를 시계 방향으로 □°만큼 돌리기

?: 돌리기 한 수와 처음 만든 수의 □

[계획-풀기]

❶ 수 카드로 가장 큰 네 자리 수 만들기

❷ ❶에서 구한 수를 시계 방향으로 180°만큼 돌렸을 때 만들어지는 수 구하기

❸ ❶과 ❷에서 구한 두 수의 차 구하기

답 _____

---

6 수영이는 토요일 오후에 할아버지 댁에 놀러 갔다가 그날 집으로 돌아왔습니다. 수영이가 할아버지 댁에 도착한 시각은 오른쪽 시계가 가리키는 시각이고, 할아버지 댁에서 나온 시각은 그 시계를 왼쪽에 있는 거울에 비추었을 때 보이는 시각입니다. 수영이가 할아버지 댁에 몇 시간 동안 있었는지 구하세요.

[문제 그리기] 시계에 시곗바늘을 각각 그리고 □ 안에 알맞은 수나 말을 써넣으면서 풀이 과정을 계획합니다. (?: 구하고자 하는 것)

나온 시각   도착한 시각

□시 □분

?: 수영이가 할아버지 댁에 있었던 시간

(단위: □)

[계획-풀기]

❶ 수영이가 할아버지 댁에 도착한 시각과 할아버지 댁에서 나온 시각을 각각 구하기

❷ 수영이가 할아버지 댁에 있었던 시간 구하기

답 _____

7 세 자리 수가 적힌 카드 $\boxed{921}$ 에서 어떤 수를 빼야 할 것을 잘못하여 이 수 카드를 시계 반대 방향으로 180°만큼 돌렸을 때의 수에서 어떤 수를 뺐더니 48이 되었습니다. 바르게 계산한 값을 구하세요.

📷 **문제 그리기** 문제를 읽고, □ 안에 알맞은 수나 말을 써넣으면서 풀이 과정을 계획합니다. (☑: 구하고자 하는 것)

바르게 계산: $\boxed{}$ -(어떤 수)

잘못한 계산: (시계 $\boxed{}$ 방향으로 $\boxed{}$ 만큼 돌렸을 때의 수)-(어떤 수)= $\boxed{}$

$\boxed{?}$: $\boxed{}$ 계산한 값

🧮 **계획-풀기**

❶ 어떤 수 구하기

❷ 바르게 계산한 값 구하기

답 _____

8 9와 6을 이용하여 만든 오른쪽과 같은 투명한 숫자판을 왼쪽으로 4번 뒤집은 다음 시계 방향으로 180°만큼 돌리고 위쪽으로 2번 뒤집었을 때 만들어지는 숫자판의 가로(→), 세로(↓), 대각선(↘, ↗)에 있는 가장 큰 네 자리 수와 가장 작은 네 자리 수의 합을 구하세요. (단, 수를 읽는 방향은 →, ↓, ↘, ↗입니다.)

9	9	6	9
9	6	6	9
6	9	9	6
9	6	6	9

📷 **문제 그리기** 문제를 읽고, □ 안에 알맞은 수나 말을 써넣으면서 풀이 과정을 계획합니다. (☑: 구하고자 하는 것)

① $\boxed{}$ 번 뒤집기

9	9	6	9
9	6	6	9
6	9	9	6
9	6	6	9

$\boxed{?}$: 가장 $\boxed{}$ 네 자리 수와 가장 $\boxed{}$ 네 자리 수의 $\boxed{}$

②시계 방향으로 $\boxed{}$ 만큼 돌리기 → ③ $\boxed{}$ 쪽으로 $\boxed{}$ 번 뒤집기

🧮 **계획-풀기**

❶ 숫자판을 움직였을 때 만들어지는 숫자판 구하기

❷ 가장 큰 네 자리 수와 가장 작은 네 자리 수의 합 구하기

답 _____

9 도형에서 ㉠의 크기는 몇 도인지 구하세요.

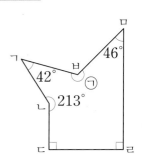

📷 **문제 그리기** 　문제를 읽고, □ 안에 알맞은 각도나 기호를 써넣으면서 풀이 과정을 계획합니다. (?: 구하고자 하는 것)

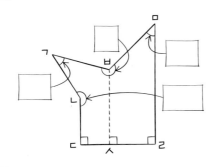

$?$: □ 의 크 기

🔢 **계획-풀기**

❶ 각 ㅁㅂㅅ의 크기 구하기

❷ 각 ㄱㅂㅅ의 크기 구하기

❸ ㉠의 크기 구하기

답 _____

10 삼각형에서 각 ㄱㄴㄷ과 각 ㄴㄱㄷ의 크기가 같을 때
㉠과 ㉡의 각도는 각각 몇 도인지 구하세요.

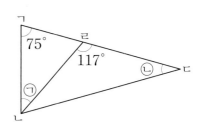

📷 **문제 그리기** 　문제를 읽고, □ 안에 알맞은 각도나 기호를 써넣으면서 풀이 과정을 계획합니다. (?: 구하고자 하는 것)

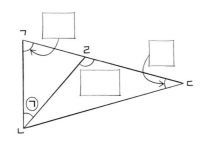

(각 ㄱㄴㄷ)=(각 ㄴㄱㄷ)= □°

$?$: □ 의 각 도 와 □ 의 각 도

🔢 **계획-풀기**

❶ ㉠의 각도 구하기

❷ ㉡의 각도 구하기

답 ㉠: _____ , ㉡: _____

11 직사각형 모양의 종이를 접었습니다.
㉠의 각도는 몇 도인지 구하세요.

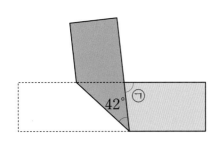

📷 **문제 그리기** 문제를 읽고, □ 안에 알맞은 각도나 기호를 써넣으면서 풀이 과정을 계획합니다. (⑦: 구하고자 하는 것)

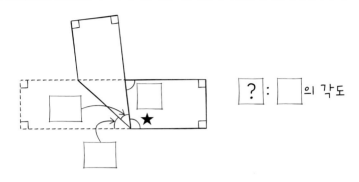

$\boxed{?}$: $\boxed{}$ 의 각도

계획-풀기

❶ ★의 각도 구하기

❷ ㉠의 각도 구하기

답 _____

12 도형에서 ㉠의 각도는 몇 도인지 구하세요.

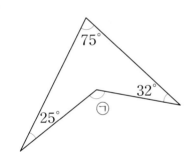

📷 **문제 그리기** 문제를 읽고, □ 안에 알맞은 각도나 말 또는 기호를 써넣으면서 풀이 과정을 계획합니다. (⑦: 구하고자 하는 것)

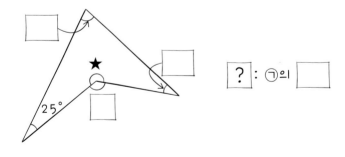

$\boxed{?}$: ㉠의 $\boxed{}$

계획-풀기

❶ ★의 각도 구하기

❷ ㉠의 각도 구하기

답 _____

13 오른쪽 도형을 위쪽으로 5번 뒤집은 다음 오른쪽으로 뒤집었을 때의 도형을 그리세요.

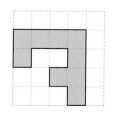

문제 그리기 문제를 읽고, □ 안에 알맞은 수나 말을 써넣으면서 풀이 과정을 계획합니다. (?: 구하고자 하는 것)

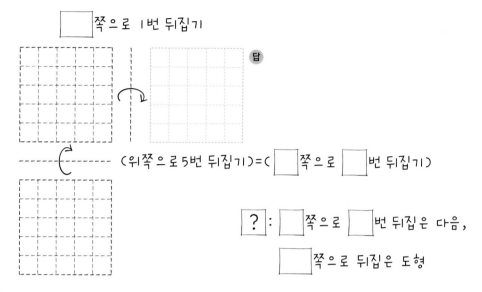

| □ |쪽으로 1번 뒤집기

답

(위쪽으로 5번 뒤집기)=(□ 쪽으로 □ 번 뒤집기)

?: □ 쪽으로 □ 번 뒤집은 다음,

□ 쪽으로 뒤집은 도형

계획-풀기 **문제 그리기** 의 모눈에 움직인 도형을 그리면서 답을 구합니다.

❶ 도형을 위쪽으로 5번 뒤집은 도형 그리기

❷ ❶에서 그린 도형을 오른쪽으로 1번 뒤집었을 때의 도형 그리기

14 어떤 도형을 시계 반대 방향으로 90°만큼 돌려야 할 것을 잘못하여 시계 방향으로 90°만큼 돌렸더니 오른쪽 도형이 되었습니다. 처음 도형을 바르게 돌렸을 때의 도형을 그리세요.

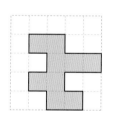

문제 그리기 문제를 읽고, □ 안에 알맞은 수나 말을 써넣으면서 풀이 과정을 계획합니다. (?: 구하고자 하는 것)

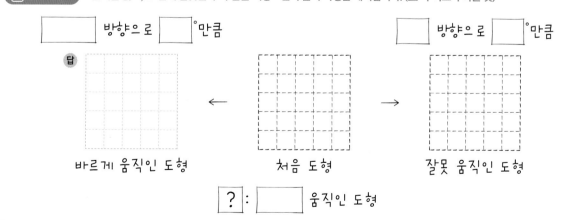

| □ |방향으로 | □ |°만큼 | □ |방향으로 | □ |°만큼

답

바르게 움직인 도형   처음 도형   잘못 움직인 도형

?: □ 움직인 도형

계획-풀기 **문제 그리기** 의 모눈에 움직인 도형을 그리면서 답을 구합니다.

❶ 처음 도형 그리기

❷ ❶에서 그린 도형을 바르게 돌렸을 때의 도형 그리기

15 세 명의 친구가 3장의 카드 ①, ②, ③ 중에서 각각 한 장씩 뽑아 그 내용대로 인형을 움직일 때 인형 모양이 바뀌면 인형을 바구니에 넣는 게임을 합니다. 인형을 바구니에 넣게 되는 카드의 번호를 쓰세요.

① 시계 반대 방향으로
90°만큼 8번 돌리기

② 시계 방향으로
180°만큼 5번 돌리기

③ 시계 방향으로
270°만큼 8번 돌리기

[문제 그리기] 문제를 읽고, □ 안에 알맞은 수나 말을 써넣으면서 풀이 과정을 계획합니다. (?: 구하고자 하는 것)

① 시계 반대 방향으로 90°만큼 [ ]번 돌리기

② 시계 방향으로 [ ]°만큼 [ ]번 돌리기

③ [ ] 방향으로 [ ]°만큼 [ ]번 돌리기

[?] : 인형을 바구니에 넣게 되는

카드의 [ ]

[계획-풀기]

❶ 인형 모양이 그대로인 카드 찾기

❷ 인형 모양이 바뀌는 카드 찾기

답 _____

16 채원이의 방에 숫자가 없는 시계가 있습니다. 동생은 오른쪽 시계가 나타내는 시각을 읽는 방법을 몰라서 시계를 시계 반대 방향으로 90°만큼 13번 돌린 다음 시계 방향으로 180°만큼 돌려서 놓았습니다. 동생이 움직인 시계의 시곗바늘을 그리세요.

처음 시계

[문제 그리기] 처음 시계에 시곗바늘을 그리고 □ 안에 알맞은 수나 말을 써넣으면서 풀이 과정을 계획합니다. (?: 구하고자 하는 것)

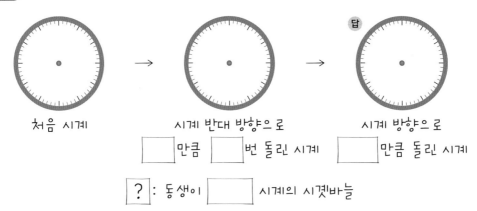

처음 시계 → 시계 반대 방향으로 [ ]만큼 [ ]번 돌린 시계 → 답 시계 방향으로 [ ]만큼 돌린 시계

[?] : 동생이 [ ] 시계의 시곗바늘

[계획-풀기] **[문제 그리기]** 의 시계에 움직인 시계의 시곗바늘을 그리면서 답을 구합니다.

❶ 처음 시계를 시계 반대 방향으로 90°만큼 13번 돌린 시계의 시곗바늘 그리기

❷ ❶에서 그린 시계를 시계 방향으로 180°만큼 돌린 시계의 시곗바늘 그리기

단순화하기? 규칙 찾기?

문제를 풀 때 수가 너무 크면 작은 수로 바꿔서 생각하고 상황이 복잡하면 단순하게, 좀 더 익숙한 상황으로 바꿔서 생각해 볼 수 있어요. 그러면 어떤 규칙이 보여요. 그 규칙을 적용해서 문제를 푸는 단순화하기 전략은 규칙 찾기와 아주 친한 방법이에요.

> 복잡한 문제! 나무를 심어야 하는 도로가 너무 길거나 나무 수가 아주 많으면 그 간격을 구하는 것이 정말 어려워요.

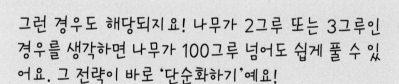

> 그런 경우도 해당되지요! 나무가 2그루 또는 3그루인 경우를 생각하면 나무가 100그루 넘어도 쉽게 풀 수 있어요. 그 전략이 바로 '단순화하기'예요!

> 알 것 같기도 모를 것 같기도 해요. 해 봐야겠어요!

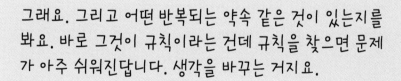

> 그래요. 그리고 어떤 반복되는 약속 같은 것이 있는지를 봐요. 바로 그것이 규칙이라는 건데 규칙을 찾으면 문제가 아주 쉬워진답니다. 생각을 바꾸는 거지요.

> 규칙이 정말 있을까요?

> 수학은 처음 떠오르는 생각이 바로 답이 아닐 수 있어요. 그래서 직접 해 봐야 해요. 규칙도 바로 직접 수를 넣어 몇 번 해 보면 찾을 수 있는 경우가 많답니다.

1 진영이와 수진이가 돈가스를 담은 접시를 보면서 이야기하고 있습니다. 진영이의 질문에 대한 수진이의 답을 쓰세요.

진영

수진

수진: 네 돈가스가 내 것보다 커 보여!

진영: 아니야. 네 접시 모양이 둔각으로 이루어진 팔각형이잖아. 같은 크기의 돈가스라도 더 큰 접시에 담아 놓으니까 작아 보이는 거야.

수진: 아! 접시 모양 때문에 그런 거구나. 그래도 삼각형의 세 각은 저렇게 뾰족해도 그 크기의 합이 180°나 된다니까 신기해.

진영: 삼각형의 모양이 달라도 180°야?

수진: 응, 그래. 둔각이 있는 삼각형의 세 각의 크기의 합도 180°야.

진영: 그러면 팔각형의 여덟 둔각의 크기의 합은 얼마나 되는데?

수진: _____

🖊 문제 그리기   진영이와 수진이의 접시 모양을 각각 그리고, □ 안에 알맞은 말을 써넣으면서 풀이 과정을 계획합니다.
(⬚: 구하고자 하는 것)

진영   수진

⬚ : □ 이의 질문에 대한 □ 이의 답

🔢 계획-풀기   틀린 부분에 밑줄을 긋고, 그 부분을 바르게 고친 것을 화살표 오른쪽에 씁니다.

❶ 삼각형의 세 각의 크기의 합은 210°입니다.

→

❷ 팔각형을 삼각형 5개로 나눌 수 있으므로 팔각형의 여덟 둔각의 크기의 합은 $210° \times 5 = 1050°$입니다.

→

답 _____

💡 확인하기   문제를 풀기 위해 배워서 적용한 전략에 ○표 하세요.

예상하고 확인하기   (   )   단순화하기   (   )

2 다음 도형을 아래쪽으로 9번 뒤집었을 때의 도형을 그리세요.

📷 **문제 그리기** 모눈에 처음 도형을 그리고 □ 안에 알맞은 수나 말을 써넣으면서 풀이 과정을 계획합니다. (❓: 구하고자 하는 것)

처 음 도 형

? : [   ] 쪽 으 로 [   ] 번 뒤 집 은 도 형

📊 **계획 - 풀기** 모눈에 도형을 그리거나 틀린 부분에 밑줄을 긋고, 그 부분을 바르게 고친 것을 화살표 오른쪽에 씁니다.

❶ 도형을 아래쪽으로 1번, 2번 뒤집었을 때의 도형을 각각 그려 보면

아래쪽으로 1번
뒤집은 도형

아래쪽으로 2번
뒤집은 도형

❷ 도형을 아래쪽으로 9번 뒤집은 도형은 아래쪽으로 2번 뒤집은 도형과 같습니다.

→

❸ 도형을 아래쪽으로 9번 뒤집었을 때의 도형을 그립니다.

답

💡 **확인하기** 문제를 풀기 위해 배워서 적용한 전략에 ○표 하세요.

식 세우기   (   )   단순화하기   (   )

3 다음 보기 의 무늬를 만든 규칙과 같은 규칙으로 빈칸을 채워 무늬를 완성하세요.

보기

📷 **문제 그리기** 🧑 모양을 어떻게 움직여 무늬를 만든 것인지 보기 의 무늬를 그리면서 풀이 과정을 계획합니다. (⬚: 구하고자 하는 것)

⬚ : ☐ 모양을 규칙에 따라 빈칸을 채워 무늬 완성

📊 **계획-풀기** 틀린 부분에 밑줄을 긋고 그 부분을 바르게 고치거나 무늬를 완성한 것을 화살표 오른쪽에 씁니다.

❶ 보기 의 무늬는 🧑 모양을 시계 방향으로 90°만큼 2번 돌리는 것을 반복해서 모양을 만들고, 그

모양을 아래쪽으로 뒤집는 규칙으로 만들었습니다.

→

❷ ❶의 규칙을 🥄 모양에 적용하여 무늬를 완성합니다.

답

💡 **확인하기** 문제를 풀기 위해 배워서 적용한 전략에 ○표 하세요.

식 세우기 (   ) 　　　　　　 규칙 찾기 (   )

1 도형의 여섯 개의 각의 크기의 합은 몇 도인지 구하세요.

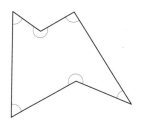

문제 그리기 도형의 꼭짓점끼리 연결하는 선을 그어 삼각형으로 나누고 □ 안에 알맞은 말을 써넣으면서 풀이 과정을 계획합니다. (⁇: 구하고자 하는 것)

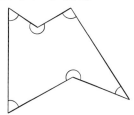

? : ☐ 개의 각의 크기의 ☐

계획-풀기

❶ 도형을 삼각형 몇 개로 나눌 수 있는지 구하기

❷ 삼각형의 세 각의 크기의 합을 이용하여 도형의 여섯 각의 크기의 합 구하기

답 _____

2 직선을 크기가 같은 각 5개로 나눈 것입니다. 도형에서 찾을 수 있는 크고 작은 예각은 모두 몇 개인지 구하세요.

문제 그리기 도형에서 찾을 수 있는 크고 작은 예각이 몇 종류인지 표시하고 □ 안에 알맞은 수나 말을 써넣으면서 풀이 과정을 계획합니다. (⁇: 구하고자 하는 것)

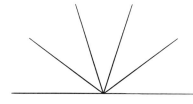

크고 작은 예각은 ☐ 종류입니다.

? : 크고 작은 ☐ 의 개수

계획-풀기

❶ 각 1개짜리, 2개짜리로 이루어진 예각은 각각 몇 개인지 구하기

❷ 찾을 수 있는 크고 작은 예각은 모두 몇 개인지 구하기

답 _____

3 오른쪽 그림과 같은 두 모양 블록을 겹치지 않게 두 각을 맞대어 각을 만들 때 세 번째로 작은 각의 크기는 몇 도인지 구하세요.

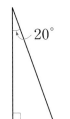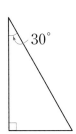

문제 그리기 문제를 읽고, □ 안에 알맞은 수나 말을 써넣으면서 풀이 과정을 계획합니다. (☑: 구하고자 하는 것)

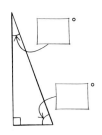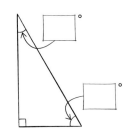

두 각을 맞대어 만들 수 있는 각의 크기는 각

□ 개의 크기의 합입니다.

? : □ 번째로 □ 각의 크기

계획-풀기

❶ 변과 변을 맞대어 만들 수 있는 가장 작은 각의 크기부터 세 번째로 작은 각의 크기까지 구하기

❷ 세 번째로 작은 각의 크기 구하기

답 _____

4 도형에서 ㉠+㉡+㉢+㉣은 몇 도인지 구하세요.

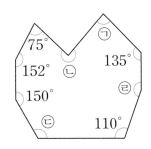

문제 그리기 도형을 삼각형과 사각형으로 나누고 □ 안에 알맞은 수나 각도 또는 기호를 써넣으면서 풀이 과정을 계획합니다.
(☑: 구하고자 하는 것)

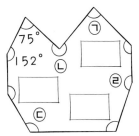

도형을 삼각형 1개와 사각형 □ 개로 나눌 수 있습니다.

(사각형은 삼각형 2개로 나눌 수 있으므로 도형을 나눌 수 있는 방법은 이 외에도 다양합니다.)

? : ㉠+ □ + □ + □

계획-풀기

❶ 도형의 아홉 각의 크기의 합 구하기

❷ ㉠+㉡+㉢+㉣은 몇 도인지 구하기

답

5 도형을 시계 방향으로 180°만큼 5번 돌린 다음 위쪽으로 뒤집었을 때의 도형을 그리세요.

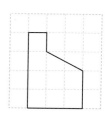

📷 **문제 그리기** 모눈에 처음 도형을 그리고 □ 안에 알맞은 수나 말을 써넣으면서 풀이 과정을 계획합니다. (❓: 구하고자 하는 것)

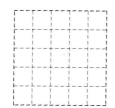

❓ : 시계 방향으로 [   ]°만큼 [   ]번 돌린 도형을 [   ]쪽

으로 뒤집은 도형

📊 계획-풀기

❶ 가운데 모눈에 처음 도형을 시계 방향으로 180°만큼 5번 돌린 도형 그리기
❷ 오른쪽 모눈에 ❶에서 그린 도형을 위쪽으로 뒤집었을 때의 도형 그리기

처음 도형 　　　시계 방향으로 180°만큼　　　위쪽으로
　　　　　　　　　　5번 돌린 도형　　　　　　　뒤집은 도형

6 놀이 기구에 있는 ♠ 모양 버튼을 누르면 시계 반대 방향으로 270°만큼 3번 돌리고, ◑ 모양 버튼을 누르면 오른쪽으로 5번 뒤집기 합니다. 놀이 기구의 ♠ 모양 버튼을 누른 다음 ◑ 모양 버튼을 눌렀더니 오른쪽과 같은 도형이 나타났습니다. 처음 설정한 도형을 그리세요.

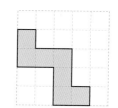

📷 **문제 그리기** 모눈에 움직인 도형을 그리고 □ 안에 알맞은 수나 말을 써넣으면서 풀이 과정을 계획합니다. (❓: 구하고자 하는 것)

❓ : 시계 [   ] 방향으로 [   ]°만큼 [   ]번 돌린 다음

[   ]쪽으로 [   ]번 뒤집기 전의 처음 설정한 도형

📊 계획-풀기

❶ 가운데 모눈에 ◑ 모양 버튼을 누르기 전의 도형 그리기
❷ 왼쪽 모눈에 ♠ 모양 버튼을 누르기 전의 처음 설정한 도형 그리기

처음 설정한 도형 　　　◑ 모양 버튼을　　　움직인 도형
　　　　　　　　　　　누르기 전의 도형

7 도형을 시계 방향으로 90°만큼 20번 돌린 다음 왼쪽으로 9번 뒤집었을 때의 도형을 그리세요.

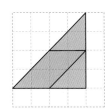

문제 그리기 모눈에 처음 도형을 그리고 □ 안에 알맞은 수나 말을 써넣으면서 풀이 과정을 계획합니다. (?: 구하고자 하는 것)

? : □ 방향으로 □°만큼 □번 돌린 도형을

□쪽으로 □번 뒤집은 도형

계획-풀기

❶ 가운데 모눈에 처음 도형을 시계 방향으로 90°만큼 20번 돌린 도형 그리기

❷ 오른쪽 모눈에 ❶에서 그린 도형을 왼쪽으로 9번 뒤집었을 때의 도형 그리기

처음 도형 　　　 시계 방향으로 90°만큼 　　 왼쪽으로 9번
　　　　　　　　 20번 돌린 도형 　　　　　　 뒤집은 도형

8 처음 도형을 같은 방법으로 3번 움직였을 때의 도형이 오른쪽과 같습니다. 움직인 방법을 설명하세요.

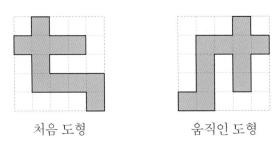

처음 도형 　　　 움직인 도형

문제 그리기 모눈에 처음 도형과 움직인 도형을 그리고 □ 안에 알맞은 수나 말을 써넣으면서 풀이 과정을 계획합니다. (?: 구하고자 하는 것)

처음 도형 　　　 움직인 도형

처음 도형을 □ 방법으로 □번 움직인

도형이 □과 같습니다.

? : □ 방법 설명

계획-풀기

❶ 처음 도형을 어떻게 1번 움직이면 오른쪽 도형과 같은지 생각하기

❷ 처음 도형을 어떻게 같은 방법으로 3번 움직이면 오른쪽 도형이 되는지 설명하기

설명

9 사각형, 오각형과 같은 도형의 모든 각의 크기의 합은 도형을 삼각형으로 나누었을 때 나누어진 삼각형의 수와 관계가 있습니다. 규칙을 찾아 십이각형의 열두 각의 크기의 합은 몇 도인지 구하세요.

문제 그리기 도형에 각각 선을 그어 삼각형으로 나누고 □ 안에 삼각형의 수나 말을 써넣으면서 풀이 과정을 계획합니다.

(🔢: 구하고자 하는 것)

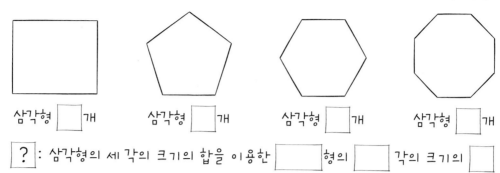

삼각형 □ 개   삼각형 □ 개   삼각형 □ 개   삼각형 □ 개

? : 삼각형의 세 각의 크기의 합을 이용한 □ 형의 □ 각의 크기의 □

계획-풀기

❶ 도형의 변의 수와 삼각형의 수 사이의 관계를 표를 완성하여 알아보기

도형의 변의 수(개)	4	5	6	7	8	…	12
삼각형의 수(개)	2					…	

❷ 십이각형의 열두 각의 크기의 합 구하기

답 _____

10 삼각형에서 ㉠+㉡+㉢과 사각형에서 ㉣+㉤+㉥+㉦으로 〈추측〉의 □ 안에 알맞은 수를 구하세요.

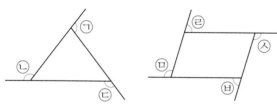

〈추측〉 삼각형의 ㉠, ㉡, ㉢ 또는 사각형의 ㉣, ㉤, ㉥, ㉦처럼 도형의 바깥쪽에 한 각도의 합은 □°입니다.

문제 그리기 문제에서 주어진 각과 기호를 나타내고 □ 안에 알맞은 말을 써넣으면서 풀이 과정을 계획합니다. (🔢: 구하고자 하는 것)

? : 〈추측〉의 □ 안에

□ 수

계획-풀기

❶ 삼각형에서 ㉠+㉡+㉢은 몇 도인지 구하기

❷ 사각형에서 ㉣+㉤+㉥+㉦은 몇 도인지 구하기

❸ ❶과 ❷에서 구한 각도의 합으로 〈추측〉의 □ 안에 알맞은 수 구하기

답 _____

11 도형에서 ㉠, ㉡, ㉢, ㉣의 각도의 합은 몇 도인지 구하세요.

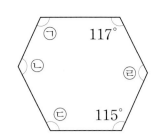

[사진] **문제 그리기**
문제에서 주어진 정보를 도형에 나타내고, □ 안에 알맞은 말을 써넣으면서 풀이 과정을 계획합니다. (❓: 구하고자 하는 것)

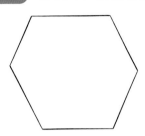

❓ : ㉠, ㉡, ㉢, ㉣의 각도의 □

[표] 계획-풀기

❶ 육각형의 여섯 각의 크기의 합 구하기

❷ 육각형에서 ㉠＋㉡＋㉢＋㉣은 몇 도인지 구하기

답

---

12 도형을 삼각형 1개와 사각형 몇 개로 나누어 도형에 표시한 모든 각의 크기의 합은 몇 도인지 구하세요.

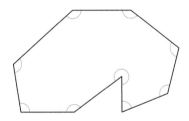

[사진] 문제 그리기 문제에서 주어진 정보를 도형에 나타내고, □ 안에 알맞은 수나 말을 써넣으면서 풀이 과정을 계획합니다. (❓: 구하고자 하는 것)

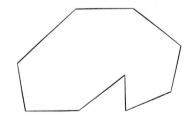

삼각형 □개와 사각형 □개로 나눌 수 있습니다.

❓ : 도형에 표시한 모든 각의 크기의 □

[표] 계획-풀기

❶ 도형을 나눈 삼각형의 모든 각의 크기의 합 구하기

❷ 도형을 나눈 사각형의 모든 각의 크기의 합 구하기

❸ 도형에 표시한 모든 각의 크기의 합 구하기

답

13 규칙에 따라 오른쪽 무늬를 만들었습니다.
빈칸을 채워 무늬를 완성하세요.

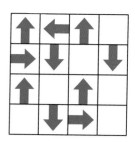

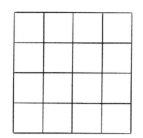

? : 무늬

🔲 **계획─풀기**

❶ 무늬를 만든 모양 그리기

❷ 무늬를 만든 규칙 찾기

❸ 위의 빈칸을 채워 무늬 완성하기

14 오른쪽 무늬를 만든 규칙을 설명하세요.

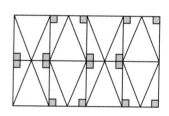

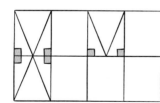

? : 무늬의 설명

🔲 **계획─풀기**

❶ 무늬를 만든 모양 그리기

❷ 무늬를 만든 규칙 설명하기

규칙 _____

15 수학 게임을 내려 받았더니 컴퓨터 화면이 1초 간격으로 모양이 바뀌다가 4초 후에 꺼지고 다시 처음 화면부터 반복되었습니다. 1분 47초 후의 컴퓨터 화면에서 꺼진 숫자를 한 번씩만 사용하여 만들 수 있는 가장 큰 수를 구하세요. (단, 꺼지기 전의 숫자는 규칙적으로 배열되어 있습니다.)

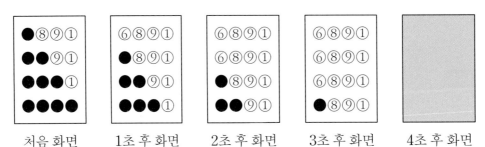

문제 그리기   문제에서 꺼진 숫자를 색칠하고 □ 안에 알맞은 수나 말을 써넣으면서 풀이 과정을 계획합니다. (⑦: 구하고자 하는 것)

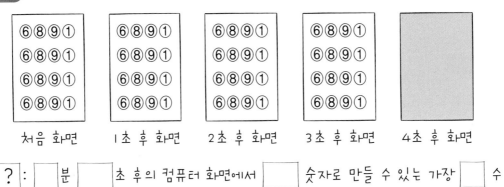

?: ⬜분 ⬜초 후의 컴퓨터 화면에서 ⬜숫자로 만들 수 있는 가장 ⬜수

계획-풀기

❶ 1분 47초 후의 화면은 몇 초 후의 화면과 같은지 구하기

❷ 1분 47초 후의 화면에서 꺼진 숫자를 한 번씩만 사용하여 가장 큰 수 만들기

답 _____

16 규칙에 따라 바뀐 글자를 오른쪽에 놓았습니다. 빈칸에 들어갈 글자를 쓰세요.

문제 그리기   문제를 읽고, 빈칸에 알맞은 말을 써넣으면서 풀이 과정을 계획합니다. (⑦: 구하고자 하는 것)

개 ➡ ⬜   말 ➡ ⬜   ?: 빈칸에 들어갈 ⬜

계획-풀기

❶ 규칙 찾기

❷ 규칙에 따라 빈칸에 들어갈 글자 쓰기

답 _____

1 도형에서 ㉠의 각도는 몇 도인지 구하세요.

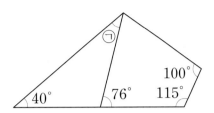

> **문제 그리기** 문제를 읽고, 도형에 구하려고 하는 각도와 주어진 각도를 나타내고, □ 안에 알맞은 기호를 쓰면서 풀이 과정을 계획합니다. (⚡: 구하고자 하는 것)

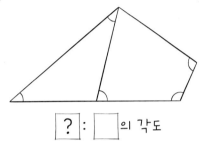

⚡ : □ 의 각도

> **계획-풀기**

답 _____

2 다음은 사각형의 네 각 중에서 세 각의 크기를 나타낸 것입니다. 나머지 한 각이 둔각인 사각형의 기호를 찾아 쓰고, 그 사각형의 나머지 한 각의 크기가 몇 도인지 구하세요.

㉠ 105°, 75°, 95°   ㉡ 85°, 115°, 85°

㉢ 107°, 75°, 80°   ㉣ 95°, 88°, 95°

> **문제 그리기** 문제를 읽고, □ 안에 알맞은 말을 써넣으면서 풀이 과정을 계획합니다. (⚡: 구하고자 하는 것)

⚡ : 나머지 한 각이 □ 인 사각형의 기호와 그 사각형의 □ 한 각의 크기

> **계획-풀기**

답 _____ , _____

3 변의 길이가 같고 각의 크기가 같은 도형을 삼각형으로 나누었습니다. 일곱 번째 도형의 나눈 삼각형 수와 그 삼각형 중에서 둔각이 있는 삼각형 수의 합을 구하세요.

첫 번째   두 번째   세 번째   …

문제 그리기 문제를 읽고, □ 안에 알맞은 그림을 그리고, 알맞은 말을 써넣으면서 풀이 과정을 계획합니다. (❓: 구하고자 하는 것)

첫 번째   두 번째   세 번째   …

❓: □ 번째 도형의 나누어진 □ 수와 그 삼각형 중에서 □ 이 있는 삼각형 수의 □

계획-풀기

답 _____

4 처음 도형을 돌리고 뒤집었을 때의 도형이 오른쪽과 같습니다. 움직인 방법을 설명하세요.

처음 도형   움직인 도형

문제 그리기 문제에서 주어진 도형을 모눈에 그리고 □ 안에 알맞은 말을 써넣으면서 풀이 과정을 계획합니다. (❓: 구하고자 하는 것)

처음 도형 □ 을 □ 고 □ 었을 때 움직인 도형은 □ 입니다.

❓: 움직인 □ 설명

계획-풀기

설명 _____

5 준서와 은서가 사각형과 삼각형 모양의 종이를 보면서 이야기를 하고 있습니다. 준서의 물음에 대한 은서의 답을 쓰세요.

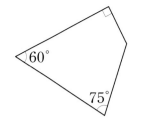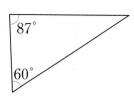

준서: 이 두 도형의 두 각을 겹치지 않게 변과 변을 맞대어 각을 만들 때 네 번째로 큰 각도는 몇 도인지 알아?

은서: _____

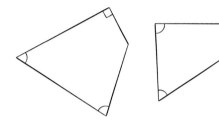

? : 사각형과 삼각형의 두 각을 겹치지 않게 맞대어 각을 만들 때 [ ] 번째로 [ ] 각도

답 _____

6 선분 ㄱㄴ 위에 한 점을 잡고 나무젓가락으로 공작 깃털을 만들었습니다. 나무젓가락 깃털로 만들어진 각 9개의 크기는 모두 같습니다. 나무젓가락 깃털로 만들어진 크고 작은 둔각은 모두 몇 개인지 구하세요. (단, 나무젓가락의 두께는 생각하지 않습니다.)

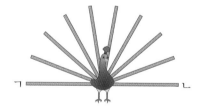

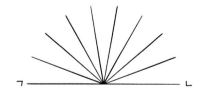

선분 ㄱㄴ 위에 한 점을 잡고 만들어진 각 [ ] 개의 크기는 모두 [   ].

? : 크고 작은 [   ] 의 개수

답 _____

7 무지개 공원에 두꺼운 직사각형 철판을 접어 만든 조형물을 놓았습니다. 이 조형물에 표시한 ㉠의 각도는 몇 도인지 구하세요.

132°

㉠

문제 그리기 문제를 읽고, □ 안에 알맞은 각도나 기호를 써넣고 도형에 같은 각이나 구할 수 있는 각을 표시하면서 풀이 과정을 계획합니다. (⍰: 구하고자 하는 것)

㉠

⍰ : □ 의 각도

계획-풀기

답 _____

8 네 자리 수가 적힌 투명한 수 카드가 있습니다. 이 수 카드를 위쪽으로 뒤집고 왼쪽으로 뒤집었을 때 만들어지는 수와 처음 수의 합을 구하세요.

8801

문제 그리기 문제에서 주어진 카드의 수를 쓰고 □ 안에 알맞은 말을 써넣으면서 풀이 과정을 계획합니다. (⍰: 구하고자 하는 것)

⍰ : 수 카드를 □ 쪽으로 뒤집고 □ 쪽으로 □ 었을 때 만들어지는 수와 처음 수의 □

계획-풀기

답 _____

9 수미는 친구의 집에 초대를 받았습니다. 그런데 친구네 집의 아파트 앞에서 주소가 적힌 쪽지를 집에 두고 온 것이 생각났습니다. 수미는 동생에게 전화를 해서 친구 집이 108동 512호라는 것을 알았습니다. 하지만 그곳은 친구의 집이 아니었습니다. 동생이 친구의 집주소가 적힌 투명한 쪽지를 위쪽으로 뒤집었을 때 보이는 수를 말해 준 것입니다. 친구의 원래 집주소는 몇 동 몇 호인지 쓰세요.

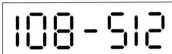

문제 그리기 문제에서 주어진 동생이 말해 준 친구네 집의 아파트 동호수를 쓰고 □ 안에 알맞은 말을 써넣으면서 풀이 과정을 계획합니다. (⑦: 구하고자 하는 것)

동생이 말해 준 친구의 집주소 [⎡   —   ⎤] 는 처음 수를 [ ]쪽으로 [ ]었

을 때 보이는 수입니다.

[?] : 친구의 [ ] 집주소(몇 동 몇 호)

계획-풀기

답 _____

10 도형에 표시한 모든 각의 크기의 합은 몇 도인지 구하세요.

문제 그리기 문제에서 주어진 도형의 각을 표시하고 □ 안에 알맞은 말을 써넣으면서 풀이 과정을 계획합니다. (⑦: 구하고자 하는 것)

[?] : 모든 각의 크기의 [ ]

계획-풀기

답 _____

11 타일 ⊞ 모양으로 아래의 무늬를 만든 규칙을 설명하세요.

(단, 타일 2개를 기본으로 위와 아래를 각각 설명합니다.)

📷 문제 그리기 문제를 읽고, 어떤 모양을 움직인 것인지 그리고, □ 안에 알맞은 말을 써넣으면서 풀이 과정을 계획합니다.
(⬚: 구하고자 하는 것)

? : ☐ 모양으로 무늬를 만든 ☐ 설명

📊 계획-풀기

규칙

---

12 하루는 24시간입니다. 하루 중 시계에서 긴바늘이 12를 가리키고, 긴바늘과 짧은바늘이 이루는 작은 쪽의 각이 직각일 때와 예각일 때는 각각 몇 번인지 구하세요.

📷 문제 그리기 문제를 읽고, 시계에 시곗바늘이 이루는 각이 직각일 때와 예각일 때의 짧은바늘을 그리고, □ 안에 알맞은 말을 써넣으면서 풀이 과정을 계획합니다. (⬚: 구하고자 하는 것)

〈직각일 때〉 〈예각일 때〉

? : 긴바늘이 ☐ 를 가리키고 긴바늘과 짧은바늘이 이루는 작은 쪽의 각이 ☐ 일 때와

☐ 인 시각의 횟수

📊 계획-풀기

답 직각: , 예각:

13 모양을 시계 반대 방향으로 270°만큼 돌리고 밀어서 규칙적인 무늬를 만드세요.

문제 그리기 문제를 읽고, □ 안에 알맞은 그림 또는 수를 써넣으면서 풀이 과정을 계획합니다. (?: 구하고자 하는 것)

☐ 모양을 시계 반대 방향으로 ☐°만큼 돌리고 밀어서 만든 무늬

? : ☐ 모양을 규칙적으로 움직여 만든 무늬

계획-풀기

답

---

14 현이는 어머니와 함께 시장에 갔습니다. 시장에 도착한 시각은 3시 40분이고 시장에서 95분 동안 장을 보았습니다. 시장에서 집으로 출발하면서 본 시계의 긴바늘과 짧은바늘이 이루는 작은 쪽의 각이 예각, 직각, 둔각 중 어느 것인지 쓰세요.

문제 그리기 시장에 도착한 시각을 시계에 나타내고 □ 안에 알맞은 수나 말을 써넣으면서 풀이 과정을 계획합니다. (?: 구하고자 하는 것)

시장에 도착한 시각

시장에 도착한 시각은 ☐시 ☐분이고

시장에서 장을 본 시간은 ☐분입니다.

? : ☐에서 집으로 출발한 시각에 두 시곗바늘이

이루는 ☐쪽의 각의 종류

계획-풀기

답 _____

15 사각형 안에서 찾을 수 있는 예각, 직각, 둔각은 각각 몇 개인지 구하세요.

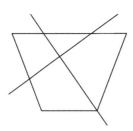

[📷 문제 그리기] 문제를 읽고, 사각형에 두 직선을 그리고, □ 안에 알맞은 말을 써넣으면서 풀이 과정을 계획합니다. (⁇: 구하고자 하는 것)

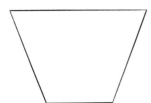

?: □각, □각, □각

각각의 개수

[🔢 계획-풀기]

답 예각: , 직각: , 둔각:

16 도형에서 찾을 수 있는 크고 작은 각에서 각 2개짜리로 이루어진 각 중 가장 큰 각과 각 3개짜리로 이루어진 각 중 가장 작은 각의 크기의 합은 몇 도인지 구하세요. (단, ㉠, ㉡, ㉢의 각도는 같습니다.)

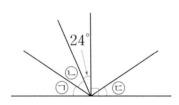

[📷 문제 그리기] 문제를 읽고, 도형에 주어진 각도를 나타내고, □ 안에 알맞은 수나 말을 써넣으면서 풀이 과정을 계획합니다.
(⁇: 구하고자 하는 것)

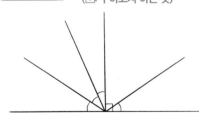

?: 각 □ 개짜리로 이루어진 가장 큰 각과 각 □ 개

짜리로 이루어진 가장 작은 각의 크기의 □

[🔢 계획-풀기]

답

1 지석이가 오늘 운동을 시작할 때 시계를 보았더니 12시 30분이었습니다. 운동을 끝낸 후 손목시계를 보았더니 12시 45분이었습니다. 잠시 후 지석이는 운동을 시작할 때 자기가 본 시각은 거울에 비친 시계를 보았다는 것을 알게 되었습니다. 지석이가 오늘 운동한 시간은 몇 시간 몇 분인지 구하세요.

(   )

2 에 따라 다음 그림과 같이 크기가 같은 삼각형 4개로 만들 수 있는 모양은 모두 몇 가지인지 구하세요.

규칙
- 변과 변이 완전히 맞닿게 만듭니다.
- 꼭짓점끼리 연결하거나 변과 꼭짓점이 만나게 연결하지 않습니다.
- 오른쪽, 왼쪽, 위쪽, 아래쪽으로 뒤집거나 90°씩 돌리기를 하여 같은 모양은 한 모양으로 합니다.

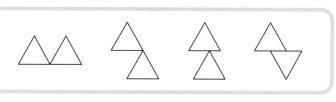

잘못 연결한 모양

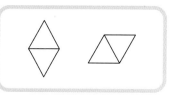

바르게 연결한 모양

(   )

3 세 변의 길이가 같은 삼각형 모양 종이를 한 번 접어서 만들 수 있는 도형과 그 도형의 모든 각의 크기의 합을 모두 찾아 기호를 쓰세요.

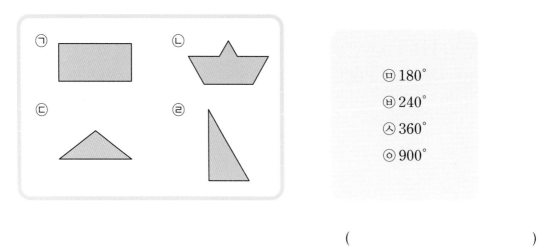

( )

4 숫자 16개가 적힌 정사각형 모양의 종이가 있습니다. 이 종이를 다음과 같이 접어서 오른쪽으로 뒤집었을 때 보이는 수를 모두 더하면 얼마인지 구하세요.

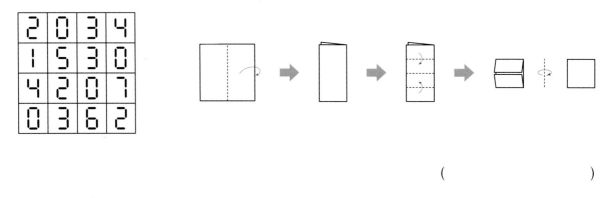

( )

핵심 역량 **말랑말랑 수학**

수학적 의사소통 등호 '＝'

왼쪽과 오른쪽의 수나 값의 같음을 나타내는 기호로 수학에서는 등호 '＝'를 사용해요.

---

1 다음에서 등호 '＝'는 동물들의 키의 합이 같음을 나타냅니다. 오른쪽 ㉮에 들어갈 수 없는 그림을 고르세요.
(   )

(세 동물 키의 합)   (세 동물 키의 합)

2 그림에서 등호 '='를 올바르게 사용하기 위한 조건을 고르세요. (단, 두 여우는 같은 여우입니다.) (   )

(무게)   (무게)

❶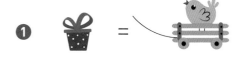

❷

❸

❹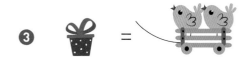

3 루빛 나라에는 호수나 강이 땅보다 아주 많았습니다. 그 많은 호수 중 커다란 루나 호수와 빛나 호수는 두 걸음 간격으로 붙어 있습니다. 왕은 고민 끝에 루나 호수와 빛나 호수에 각각 무게가 같은 성을 짓고 아주 튼튼한 철근 두 개로 연결했습니다. 사람들이 움직이거나 바람이 세게 불면 성이 흔들려도 수평을 유지하였습니다. 하지만 한 쪽 성에서 사람들이 밖으로 나가거나 들어오면 무거운 쪽으로 기울어지게 된다는 것을 왕은 알고 있었습니다. 그래서 왕은 루나 성과 빛나 성의 안에서만 각각 사람들이 살도록 세금을 면제해 주고 곡식도 주었습니다. 그러던 어느 날 루나 성에서 살던 사람 3명이 모두 가방을 싸서 성을 빠져나가자 빛나 성 쪽으로 기울어져 루나 성도 흔들리기 시작했습니다. 두 성이 다시 수평을 유지할 수 있는 방법을 모두 고르세요. (단, 두 성의 무게의 차는 사람이 붙잡아서 수평을 유지하지는 못합니다.)

(   )

① 빛나 성에서 사람 3명이 나와서 붙잡고 있습니다.

② 루나 성에서 더 많은 사람들을 나오게 합니다.

③ 루나 성의 밖으로 나온 사람들의 몸무게와 그들이 가지고 나온 가방의 무게의 합과 같은 몸무게의 사람과 같은 무게의 가방을 다시 루나 성의 안으로 들여보냅니다.

④ 루나 성의 밖으로 나온 사람들의 몸무게와 그들이 가지고 나온 가방의 무게의 합과 같은 몸무게의 사람과 같은 무게의 가방을 빛나 성에서도 밖으로 내보냅니다.

⑤ 루나 성에서 사람 3명이 나와서 붙잡고 있습니다.

4 등호 '＝'를 올바르게 사용한 식을 모두 고르세요. (단, ×와 ÷는 ＋와 −보다 먼저 계산합니다.)

(   )

① $1＋2＋3×2＝3＝6＝9$

② $1＋3＋5＝3＋5＋1$

③ $1×2＋6−4÷2＝8÷4$

④ (나와 내 강아지의 무게의 합)＝(내 강아지와 나의 무게의 합)

⑤ '등호'는 '그러므로'나 '그래서'와 같은 뜻입니다.

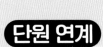

4학년 1학기

막대그래프
- 막대그래프의 표현 및 해석

규칙 찾기
- 규칙을 수나 식으로 표현
- 수, 모양, 계산식의 규칙과 관련된 문제 해결하기

3학년 2학기

자료의 정리
- 표로 나타내기
- 그림그래프의 표현과 해석

4학년 2학기

꺾은선그래프
- 꺾은선그래프의 표현과 해석

이 단원에서 사용하는 전략

- 식 세우기
- 표 만들기

- 규칙 찾기
- 문제정보 복합적으로 나타내기

PART 3

변화와 관계
자료와 가능성

관련 단원 막대그래프 | 규칙 찾기

개념 떠올리기

[1~5] 다현이네 반 학생들이 좋아하는 전통 간식을 조사하였습니다. 물음에 답하세요.

좋아하는 전통 간식

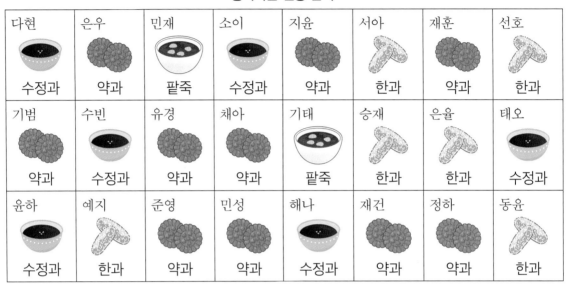

1 조사한 자료를 보고 표로 나타내세요.

좋아하는 전통 간식별 학생 수

전통 간식	수정과	약과	팥죽	한과	합계
학생 수(명)	6				24

2 막대그래프의 가로에 전통 간식을 나타낸다면 세로에는 무엇을 나타내어야 할까요?

( )

3 막대그래프의 세로 눈금 한 칸이 학생 2명을 나타낸다면 한과를 좋아하는 학생 수는 몇 칸으로 나타내어야 할까요?

( )

116

정답과 풀이 35쪽

4 표를 보고 막대그래프를 완성하세요.

좋아하는 전통 간식별 학생 수

(명)					
0					
학생 수 / 전통 간식	수정과	약과	팥죽	한과	

5 한과를 좋아하는 학생 수보다 더 많은 학생이 좋아하는 전통 간식을 쓰세요.

( )

전국

우리나라 인구의 지역별 변화를 나타낸 자료를 인터넷에서 찾았어요. 표로 제시된 내용은 수를 하나하나 찾아서 비교해야 해서 이해하기 쉽지 않더라고요. 그런데 2053년 예상되는 인구를 연령별로 나타낸 막대그래프를 보니까 50~59세의 인구가 가장 많고, 나이가 어릴수록 인구가 줄어드는 것을 한눈에 확인할 수 있었습니다.

6 계산식의 규칙에 따라 빈칸에 알맞은 식을 써넣으세요.

❶
$$11 \times 11 = 121$$
$$111 \times 111 = 12321$$
$$1111 \times 1111 = 1234321$$

❷
$$216 \div 2 = 108$$
$$20016 \div 2 = 10008$$
$$2000016 \div 2 = 1000008$$

7 계산식에서 규칙을 찾아 ☐ 안에 알맞은 수를 써넣으세요.

순서	계산식
첫째	$690 - 280 = 410$
둘째	$650 - 280 = 370$
셋째	$610 - 280 = 330$
넷째	$570 - 280 = 290$

규칙 40씩 작아지는 수에서 같은 수 ☐ 을 빼면 계산 결과도 ☐ 씩 작아집니다.

어머니께서 지난 한 달 동안의 날씨를 확인해 보시더니 3일은 춥고 4일은 따뜻함이 거의 일정하게 반복된다고 하셨습니다. 그래서 이번 주 수요일과 목요일, 오늘 금요일까지 3일 동안은 추웠으니까 내일 우리가 여행을 갈 때는 좀 따뜻할 거래요.

식 세우기?

'식 세우기' 또는 '식 만들기'로 표현하는 전략은 대부분의 수학 문제를 풀기 위해 사용하는 전략입니다. 다른 전략을 사용하더라도 식을 세우는 방법이 대부분 필요하답니다.

식을 세운다는 것은 뭘까요?

그냥 계산하면 되지 않을까요?
식을 꼭 세워야 할까요?

계산하려고 수학을 배우는 것이 아니예요!
합리적으로 생각하는 것을 배우는 거랍니다!
그러기 위해서는 어떻게 풀지를 계획해야 해요.
그래야 틀렸어도 왜 틀렸는지 바로 알 수 있답니다.

계획이요?

그래요. 계획하는 거예요.
어떻게 풀 것인지 계획을 하면 그다음 계산은
기계적으로 진행을 해도 된다는 거죠.

아하, 이제는 알겠어요.

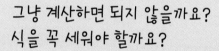

1 하늘 마을의 가구를 대상으로 올해 가전제품 구입 경로를 조사하여 나타낸 표와 막대그래프입니다. 조사한 전체 가구는 몇 가구인지 구하세요.

가전제품 구입 경로별 가구 수

구입 경로	누리 소통망 (SNS)	인터넷	TV	인쇄 광고	친구·가족 추천	합계
가구 수(가구)		6		2		

가전제품 구입 경로별 가구 수

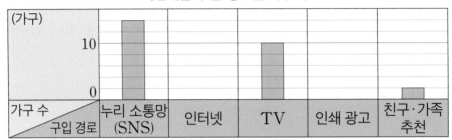

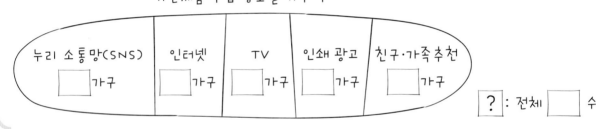

가전제품 구입 경로별 가구 수

누리 소통망(SNS) □ 가구 인터넷 □ 가구 TV □ 가구 인쇄 광고 □ 가구 친구·가족 추천 □ 가구

❓: 전체 □ 수

❶ 표의 빈칸에 알맞은 수는 막대그래프의 가구 수로 구합니다.
막대그래프의 세로 눈금 한 칸은 1가구이므로 가전제품을 누리 소통망(SNS)으로 구입한 가구는 7가구이고, 친구·가족 추천으로 구입한 가구는 1가구입니다.

→

❷ 조사한 전체 가구 수를 구합니다.

(조사한 전체 가구 수)=□+□+□+□+□=□(가구)

답 _____

2 규칙에 따라 칸을 색칠하려고 합니다. 다섯째에 색칠하는 칸은 몇 칸인지 구하세요.

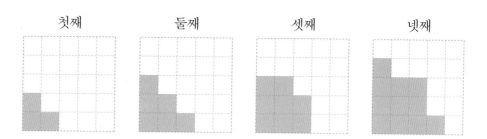

첫째 　 둘째 　 셋째 　 넷째

📷 **문제 그리기** 　 문제를 읽고, 둘째, 셋째, 넷째 모눈에 각각 더 늘어나는 칸을 색칠하면서 풀이 과정을 계획합니다. (?: 구하고자 하는 것)

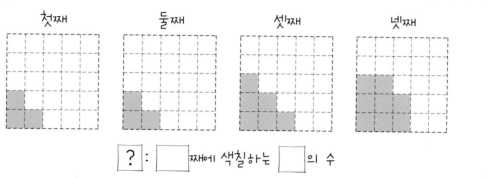

첫째 　 둘째 　 셋째 　 넷째

?: [　　] 째에 색칠하는 [　　]의 수

계획-풀기 　 틀린 부분에 밑줄을 긋고, 그 부분을 바르게 고친 것을 화살표 오른쪽에 씁니다.

❶ (짝수째에 색칠하는 칸의 수)＝(이전 홀수째에 색칠한 칸의 수)＋2

→

❷ 첫째를 제외하고 (홀수째에 색칠하는 칸의 수)＝(이전 짝수째에 색칠한 칸의 수)＋3

→

❸ 따라서 다섯째에 색칠하는 칸은 [　　] ＋ [　　] ＝ [　　] (칸)입니다.

답 _____

💡 **확인하기** 　 문제를 풀기 위해 배워서 적용한 전략에 ○표 하세요.

거꾸로 풀기 　 (　) 　 　 식 세우기 　 (　) 　 　 예상하고 확인하기 　 (　)

표 만들기?

문제에서 주어진 자료를 표로 나타내면 문제를 쉽게 이해할 수 있어요.
그래서 문제를 해결하는 방법의 보조 전략으로 대부분 사용할 수 있습니다.

표가 뭐예요?

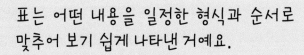
표는 어떤 내용을 일정한 형식과 순서로 맞추어 보기 쉽게 나타낸 거예요.

수학 문제 푸는 데 표를 사용하면 뭐가 편해요?

규칙을 찾아 그것을 이용해서 답을 구할 때 사용하면 편하죠.

일정한 형식이라는 게 바뀌는 것들이 어떤 것인지 먼저 정하는 거로군요.

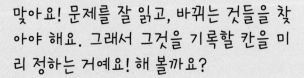
맞아요! 문제를 잘 읽고, 바뀌는 것들을 찾아야 해요. 그래서 그것을 기록할 칸을 미리 정하는 거예요! 해 볼까요?

1 바둑돌로 만든 모양의 배열을 보고, 다섯째에 알맞은 모양에서 바둑돌은 몇 개인지 구하세요.

첫째   둘째   셋째   넷째

📷 **문제 그리기** 문제를 읽고, 둘째, 셋째, 넷째 모양에 각각 더 늘어나는 바둑돌을 그리고, □ 안에 알맞은 말을 써넣으면서 풀이 과정을 계획합니다. (?: 구하고자 하는 것)

첫째   둘째   셋째   넷째

| ? : | | 째 모양의 바둑돌 | |

계획-풀기 틀린 부분에 밑줄을 긋고, 그 부분을 바르게 고친 것을 화살표 오른쪽에 씁니다.

❶ 흰색 바둑돌 수와 검은색 바둑돌 수를 표로 나타냅니다.

순서	첫째	둘째	셋째	넷째	다섯째
흰색 바둑돌 수(개)	3	3	3＋3＝6	6	6
검은색 바둑돌 수(개)	0	3	3	3＋3＝6	6＋3＝9

→

❷ 첫째 이후 흰색 바둑돌 수는 짝수째에서만 2개씩 늘어납니다.

→

❸ 첫째 이후 검은색 바둑돌 수는 홀수째에서만 3개씩 늘어납니다.

→

❹ 따라서 다섯째에 알맞은 모양에서 바둑돌은

(흰색 바둑돌 수)＋(검은색 바둑돌 수)＝ □ ＋ □ ＝ □ (개)입니다.

답 _____

💡 **확인하기** 문제를 풀기 위해 배워서 적용한 전략에 ○표 하세요.

단순화하기 ( )   그림 그리기 ( )   표 만들기 ( )

2 서하네 반 학생들의 장래 희망을 조사하였습니다. 가장 많은 학생의 장래 희망과 두 번째로 많은 학생의 장래 희망의 학생 수의 차는 몇 명인지 표를 만들어 구하세요.

장래 희망

예술인	전문직	교사	운동선수	회사원
✿ ✿ ✿ ✿ ✿ ✿	✿ ✿ ✿ ✿	✿ ✿ ✿ ✿ ✿	✿ ✿ ✿ ✿ ✿ ✿ ✿	✿ ✿ ✿

📷 **문제 그리기** 문제를 읽고, □ 안에 장래 희망별 학생 수 또는 말을 써넣으면서 풀이 과정을 계획합니다. (⌗: 구하고자 하는 것)

장래 희망별 학생 수

예술인	전문직	교사	운동선수	회사원
✿ ✿ ✿ □ ✿ ✿ ✿ ✿	✿ ✿ □ ✿ ✿ ✿	✿ ✿ □ ✿ ✿	✿ ✿ □ ✿ ✿ ✿ ✿	✿ □ ✿ ✿

? : 가장 □ 학생의 장래 희망과 □ 번째로 많은 학생의 장래 희망의 학생 수의 □

🔢 **계획-풀기** 틀린 부분에 밑줄을 긋고 그 부분을 바르게 고친 것을 화살표 오른쪽에 씁니다.

❶ 표를 만들어 장래 희망별 학생 수를 구합니다.

장래 희망별 학생 수

장래 희망	예술인	전문직	교사	운동선수	회사원
학생 수(명)	6	4	5	7	3

→

❷ 가장 많은 학생의 장래 희망은 운동선수로 7명이고, 두 번째로 많은 학생의 장래 희망은 예술인으로 6명입니다.

→

❸ 가장 많은 학생의 장래 희망과 두 번째로 많은 학생의 장래 희망의 학생 수의 차는 7－6＝1(명)입니다.

→

답 _____

💡 **확인하기** 문제를 풀기 위해 배워서 적용한 전략에 ○표 하세요.

그림 그리기 (   )   규칙 찾기 (   )   표 만들기 (   )

1 현이네 학교에서 학년별로 동생이 있는 학생 수를 조사하여 나타낸 막대그래프입니다. 동생이 있는 남학생 수의 합과 여학생 수의 합이 같다면 동생이 있는 5학년 여학생은 몇 명인지 구하세요.

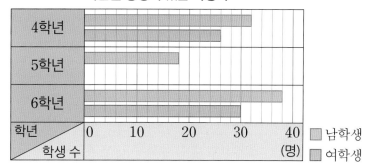

학년별 동생이 있는 학생 수

📝 **문제 그리기** 문제를 읽고, □ 안에 학생 수 또는 알맞은 말을 써넣으면서 풀이 과정을 계획합니다. (?: 구하고자 하는 것)

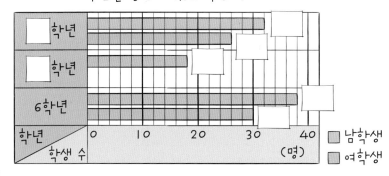

학년별 동생이 있는 학생 수

? : 동생이 있는 5학년 □ 학생 수

📊 **계획-풀기**

❶ 동생이 있는 세 학년 남학생 수의 합 구하기

❷ 동생이 있는 5학년의 여학생 수 구하기

답 _____

2 투명하고 크기가 같은 노란색 꽃 카드 2장과 보라색 꽃 카드 2장을 모두 사용하여 겹치지 않도록 가로로 길게 한 줄로 이어 붙여서 규칙적인 무늬를 만들려고 합니다. 만들 수 있는 무늬는 모두 몇 가지인지 구하세요. (단, 만든 무늬를 뒤집거나 돌렸을 때 같은 모양은 한 가지로 합니다.)

📝 **문제 그리기** 문제를 읽고, □ 안에 꽃 카드의 수를 써넣으면서 풀이 과정을 계획합니다. (?: 구하고자 하는 것)

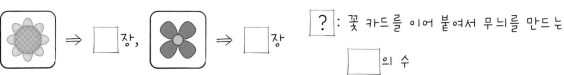

⇒ □ 장, ⇒ □ 장

? : 꽃 카드를 이어 붙여서 무늬를 만드는 □ 의 수

📊 **계획-풀기**

❶ 만들 수 있는 무늬 구하기

❷ 만들 수 있는 무늬는 모두 몇 가지인지 구하기

답 _____

3 진이네 학교의 개교기념일에 연극반 학생들이 공연하고 싶은 동화를 조사하여 나타낸 막대그래프입니다. '콩쥐팥쥐'를 공연하고 싶은 학생 수는 '신데렐라'를 공연하고 싶은 학생 수보다 4명 더 많고, '행복한 왕자'를 공연하고 싶은 학생 수는 '흥부와 놀부'를 공연하고 싶은 학생 수보다는 8명 더 적습니다. 진이네 학교의 연극반 학생은 모두 몇 명인지 구하세요.

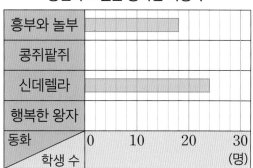

공연하고 싶은 동화별 학생 수

📷 **문제 그리기** 문제를 읽고, □ 안에 알맞은 수나 말을 써넣으면서 풀이 과정을 계획합니다. (②: 구하고자 하는 것)

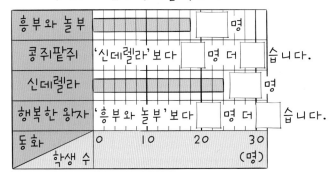

공연하고 싶은 동화별 학생 수

?: 진이네 학교의

□ 학생 수

🔡 계획-풀기

❶ '콩쥐팥쥐'를 공연하고 싶은 학생 수와 '행복한 왕자'를 공연하고 싶은 학생 수를 각각 구하기

❷ 진이네 학교의 연극반 학생 수 구하기

답 _____

4 어느 과일 가게가 작년의 농장별 사과 구입 횟수를 조사하여 나타낸 표입니다. 표를 보고 막대그래프로 나타낼 때 세로 눈금 한 칸이 사과 구입 3회를 나타낸다면 달 농장에서 사과를 구입한 횟수는 막대 몇 칸으로 나타내어야 하는지 구하세요.

농장별 사과 구입 횟수

농장	해	달	환희	호수	합계
사과 구입 횟수(회)	15		21	27	99

📷 **문제 그리기** 문제를 읽고, 주어진 자료를 표에 나타내면서 풀이 과정을 계획합니다. (②: 구하고자 하는 것)

농장별 사과 구입 횟수

농장	해	달	환희	호수	합계
사과 구입 횟수(회)					

?: □ 농장의 세로 막대 칸 수

🔡 계획-풀기

❶ 달 농장에서 사과를 구입한 횟수 구하기

❷ 달 농장에서 사과를 구입한 횟수의 막대 눈금은 몇 칸인지 구하기

답 _____

5 바둑돌로 만든 모양의 배열을 보고, 바둑돌 143개로 만든 모양은 몇째인지 구하세요.

첫째	둘째	셋째	넷째

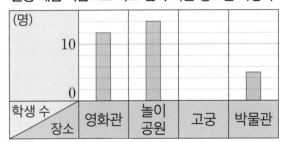

문제 그리기 표의 빈칸에 바둑돌의 수를 곱셈식으로 나타내면서 풀이 과정을 계획합니다. (❓: 구하고자 하는 것)

순서	첫째	둘째	셋째	넷째
바둑돌 수(개)	1×3	2×4		

❓: 바둑돌 ☐ 개로 만든 모양의 순서(째)

계획-풀기

❶ 바둑돌로 만든 모양의 규칙 찾기

❷ 바둑돌 143개로 만든 모양은 몇째인지 구하기

답

6 현지네 반 학생 33명이 현장 체험 학습으로 가고 싶어 하는 장소를 조사하여 나타낸 막대그래프입니다. 놀이공원을 가고 싶어 하는 학생 수는 고궁을 가고 싶어 하는 학생 수의 몇 배인지 구하세요.

현장 체험 학습으로 가고 싶어 하는 장소별 학생 수

(명)	영화관	놀이공원	고궁	박물관

문제 그리기 문제를 읽고, ☐ 안에 학생 수를 써넣으면서 풀이 과정을 계획합니다. (❓: 구하고자 하는 것)

현장 체험 학습으로 가고 싶어 하는 장소별 학생 수

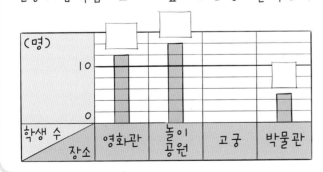

현지네 반 학생 수: ☐ 명

❓: 가고 싶어 하는 곳이 ☐ 인

학생 수는 ☐ 인 학생 수의 몇 배

계획-풀기

❶ 고궁을 가고 싶어 하는 학생 수 구하기

❷ 놀이공원을 가고 싶어 하는 학생 수는 고궁을 가고 싶어 하는 학생 수의 몇 배인지 구하기

답

7 분홍색 삼각형과 검은색 삼각형으로 만든 모양의 배열을 보고, 열두째에 알맞은 모양에서 검은색 삼각형은 몇 개인지 구하세요.

첫째   둘째   셋째   넷째

📷 **문제 그리기**   문제를 읽고, □ 안에 검은색 삼각형의 수를 써넣으면서 풀이 과정을 계획합니다. (❓: 구하고자 하는 것)

첫째	둘째	셋째	넷째		
0	1	☐	☐		

❓ : ☐ 째 모양의 ☐ 색 삼각형 수

▦ **계획-풀기**

❶ 검은색 삼각형의 수를 계산하는 덧셈식을 표로 나타내기

순서	첫째	둘째	셋째	넷째
검은색 삼각형의 수(개)	0	1	1+2	

❷ 열두째에 알맞은 모양에서 검은색 삼각형은 몇 개인지 구하기

답 _____

8 곱셈식의 규칙에 따라 99999995 × 99999995를 계산하세요.

순서	곱셈식
첫째	$95 \times 95 = 9025$
둘째	$995 \times 995 = 990025$
셋째	$9995 \times 9995 = 99900025$

📷 **문제 그리기**   곱셈식에서 바뀌는 부분을 표시하고 □ 안에 알맞은 수를 써넣으면서 풀이 과정을 계획합니다. (❓: 구하고자 하는 것)

첫째	$95 \times 95 = 9025$
둘째	☐ $5 \times 995 =$ ☐ 25
셋째	☐ $5 \times 9995 =$ ☐ 25

❓ : ☐ × ☐

의 계산 결과

▦ **계획-풀기**

❶ 곱셈식의 규칙 찾기

❷ 99999995 × 99999995 계산하기

답 _____

9 수 배열표에서 빨간색 수들의 합이 어떤 수의 5배와 같을 때 어떤 수를 구하세요.

6	12	18	24	30	36
42	48	54	60	66	72
78	84	90	96	102	108

📷 **문제 그리기** 문제를 읽고, □ 안에 알맞은 수를 써넣으면서 풀이 과정을 계획합니다. (？: 구하고자 하는 것)

빨간색 수 → □ + □ + □ + □ + □ = (어떤 수) × □   ？: □ 수

🔡 **계획-풀기** □ 안에 알맞은 수를 써넣으면서 어떤 수를 구합니다.

❶ 48은 54보다 □ 만큼 더 작고, 60은 54보다 □ 만큼 더 큽니다.

18은 54보다 □ 만큼 더 작고, 90은 54보다 □ 만큼 더 큽니다.

❷ ❶에 의하면 빨간색 수들을 모두 더하는 것은 □ 를 □ 번 더하는 것과 같습니다.

❸ 어떤 수 구하기

답 _____

---

10 한 개에 600원 하는 곰 젤리와 300원 하는 초코볼이 있습니다. 3000원을 거스름돈 없이 모두 사용하여 곰 젤리와 초코볼을 같이 살 수 있는 방법은 모두 몇 가지인지 구하세요.

📷 **문제 그리기** 문제를 읽고, □ 안에 알맞은 수나 말을 써넣으면서 풀이 과정을 계획합니다. (？: 구하고자 하는 것)

곰 젤리 한 개: □ 원, 초코볼 한 개: □ 원

？: □ 원을 모두 사용하여 곰 젤리와 초코볼을 □ 살 수 있는 □ 의 수

🔡 **계획-풀기**

❶ 초코볼보다 금액이 더 비싼 곰 젤리를 기준으로 각 항목을 정하여 표 완성하기

곰 젤리의 수(개)	0	1	2	3	4	5
곰 젤리의 금액(원)	0	600				
초코볼의 수(개)	10					
초코볼의 금액(개)	3000					
전체 금액(원)	3000	3000				

❷ 3000원을 모두 사용하여 곰 젤리와 초코볼을 같이 살 수 있는 방법은 모두 몇 가지인지 구하기

답 _____

11 정사각형 모양의 천에 밑변과 높이가 각각 1 cm인 ▽ 모양과 ▲ 모양을 오른쪽과 같이 붙여서 컵 받침을 만들려고 합니다. 컵 받침의 위쪽과 아래쪽, 왼쪽과 오른쪽 끝을 각각 1 cm씩 띄우고 ▽ 모양과 ▲ 모양을 겹치지 않게 이어 붙입니다. 한 변의 길이가 12 cm인 정사각형 모양의 컵 받침을 만들려면 ▽ 모양과 ▲ 모양은 각각 몇 개인지 구하세요.

🖼 문제 그리기 문제를 읽고, □ 안에 알맞은 수나 말 또는 모양을 써넣으면서 풀이 과정을 계획합니다. (⬚ : 구하고자 하는 것)

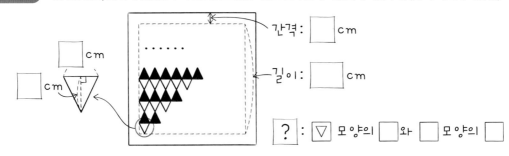

간격 : □ cm

길이 : □ cm

□ cm

□ cm

? : ▽ 모양의 □ 와 □ 모양의 □

🔡 계획–풀기

❶ 빈칸에 알맞은 식을 써넣어 표 완성하기

컵 받침 한 변의 길이(cm)	3	4	5	6	7	8
▽ 모양의 수(개)	1	1	1+3			
▲ 모양의 수(개)	0	2	2	2+4		

❷ 정사각형 모양의 컵 받침에 붙일 수 있는 ▽ 모양과 ▲ 모양의 수 각각 구하기

답 ▽ 모양: , ▲ 모양:

12 규칙에 따라 계산 결과가 9999999990000000025가 되는 곱셈식을 쓰세요.

순서	곱셈식
첫째	$5 \times 5 \times 19 \times 19 = 9025$
둘째	$5 \times 5 \times 199 \times 199 = 990025$
셋째	$5 \times 5 \times 1999 \times 1999 = 99900025$

🖼 문제 그리기 곱셈식에서 바뀌는 부분을 표시하고 □ 안에 알맞은 수를 써넣으면서 풀이 과정을 계획합니다. (⬚ : 구하고자 하는 것)

첫째	$5 \times 5 \times 19 \times 19 = 9025$
둘째	$5 \times 5 \times \boxed{} \times 199 = \boxed{} 25$
셋째	$5 \times 5 \times \boxed{} \times 1999 = \boxed{} 25$

? : □

가 되는 곱셈식

🔡 계획–풀기

❶ 곱셈식의 규칙 찾기

❷ 계산 결과가 9999999990000000025가 되는 곱셈식 쓰기

식

13 모양이 다른 꽃병 3개와 튤립, 수선화가 각각 1송이씩 있습니다. 꽃병에 꽃을 서로 다르게 꽂는 방법은 모두 몇 가지인지 구하세요. (단, 꽃병 하나에 2송이의 꽃을 꽂을 수 없습니다.)

문제 그리기 문제를 읽고, □ 안에 알맞은 수나 말을 써넣으면서 풀이 과정을 계획합니다. (⬚: 구하고자 하는 것)

모양이 다른 꽃병: ⬚ 개, 튤립: ⬚ 송이, 수선화: ⬚ 송이

⬚ : 꽃병에 ⬚ 을 서로 다르게 꽂는 ⬚ 의 수

계획-풀기

❶ 꽃병(□, △, ○)에 꽃(튤, 수)을 서로 다르게 꽂는 경우를 표로 나타내기

꽃병	꽃					
□	튤	튤				
△	수		튤			
○		수				

❷ 꽃병에 꽃을 서로 다르게 꽂는 방법은 모두 몇 가지인지 구하기

답 _____

14 교내 노래 대회에 참가하는 남학생 1명과 여학생 3명이 무대에 옆으로 길게 한 줄로 서려고 합니다. 처음과 끝에는 반드시 여학생이 설 때 한 줄로 서는 방법은 모두 몇 가지인지 구하세요.

문제 그리기 문제를 읽고, □ 안에 알맞은 말을 써넣으면서 풀이 과정을 계획합니다. (⬚: 구하고자 하는 것)

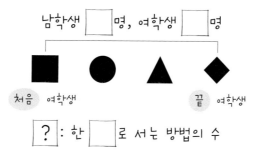

남학생 ⬚ 명, 여학생 ⬚ 명

처음 여학생   끝 여학생

⬚ : 한 ⬚ 로 서는 방법의 수

계획-풀기

❶ 남학생 1명(남)과 여학생 3명(여1, 여2, 여3)이 한 줄 서는 방법을 표로 나타내기

순서	한 줄로 서는 학생								
첫째	여1	여1	여1	여1	여2				
둘째	남	여3	남	여2	남				
셋째	여3	남	여2	남	여3				
넷째	여2	여2	여3	여3	여1				

❷ 한 줄로 서는 방법은 모두 몇 가지인지 구하기

답 _____

15 도형의 배열을 보고, 아홉째에 알맞은 도형에서 흰색 사각형과 검은색 사각형은 각각 몇 개인지 구하세요.

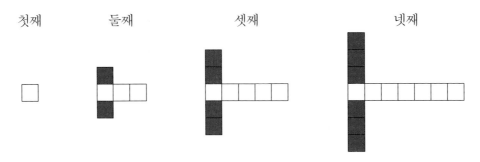

첫째　　둘째　　셋째　　넷째

문제를 읽고, □ 안에 알맞은 말을 써넣으면서 풀이 과정을 계획합니다. (?: 구하고자 하는 것)

?: [　]째 도형의 흰색 사각형 수와 [　] 색 사각형 수

🔡 계획-풀기

❶ 흰색 사각형 수와 검은색 사각형 수를 표로 나타내기

순서	첫째	둘째	셋째	넷째
흰색 사각형 수(개)	1			
검은색 사각형 수(개)	0			

❷ 아홉째에 알맞은 도형에서 흰색 사각형 수와 검은색 사각형 수를 각각 구하기

답 흰색 : ＿＿＿＿＿＿ , 검은색 : ＿＿＿＿＿＿

16 희영이 성적의 과목별 점수를 나타낸 막대그래프 일부가 찢어졌습니다. 네 과목의 전체 점수가 364점이고 수학 점수가 영어 점수보다 8점 더 높았다면 희영이의 수학 점수와 영어 점수는 각각 몇 점인지 구하세요.

희영이 성적의 과목별 점수

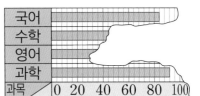

문제를 읽고, □ 안에 알맞은 수나 말을 써넣으면서 풀이 과정을 계획합니다. (?: 구하고자 하는 것)

국어	수학	영어	과학	합계
[　]점	(▲+[　])점	▲점	[　]점	[　]점

?: [　]점수와 [　]점수

🔡 계획-풀기

❶ 수학 점수와 영어 점수의 합 구하기

❷ 수학 점수와 영어 점수를 각각 구하기

답 수학 : ＿＿＿＿＿＿ , 영어 : ＿＿＿＿＿＿

규칙 찾기?

수나 그림, 도형 등의 배열에서 반복되는 것을 찾는 방법이에요.
규칙을 적용하여 문제를 풀고 답을 찾는 전략입니다.

규칙성이 뭐예요?

봐 봐요!
2, 4, 6, 8, 그리고 다음 수는 무엇일까요?

10이요!

어떻게 알았나요?

2부터 2씩 커지잖아요.
그러니까 8 다음 수도 2만큼 더 큰 수인 10이 돼요.

맞아요! 2씩 커지는 규칙이에요. 일정한 약속 같은 것이 계속 반복 적용되어서 수가 나열되잖아요. 바로 그런 규칙을 찾으면 그다음 수, 그다음 수도 찾을 수 있지요. 그것이 바로 '규칙성'이에요.

1 곱셈과 관련된 다음의 규칙적인 수의 배열에서 ♥, ●에 알맞은 수를 구하세요.

	2003	2004	2005	2006
17	1	8	5	2
18	4	♥	0	8
19	7	6	●	4

🖼 문제 그리기 문제를 읽고, □ 안에 알맞은 말이나 모양을 넣으면서 풀이 과정을 계획합니다. (❓: 구하고자 하는 것)

[ ]과 관련된 규칙적인 수의 배열   [❓] : ♥, [ ]에 알맞은 수

🖥 계획-풀기 □ 안에 알맞은 수를 써넣거나 틀린 부분에 밑줄을 긋고 그 부분을 바르게 고친 것을 화살표 오른쪽에 씁니다.

❶ 2003 × 17, 2003 × 18의 계산 결과에서 규칙을 찾습니다.

$$
\begin{array}{r}
2\ 0\ 0\ 3 \\
\times \quad 1\ 7 \\
\hline
\boxed{} \\
\boxed{}\ 0 \\
\hline
\boxed{}
\end{array}
\qquad
\begin{array}{r}
2\ 0\ 0\ 3 \\
\times \quad 1\ 8 \\
\hline
\boxed{} \\
\boxed{}\ 0 \\
\hline
\boxed{}
\end{array}
$$

가로와 세로의 두 수가 만나는 칸의 수는 두 수의 곱셈 결과의 십의 자리 숫자입니다.

→

❷ 2004 × [ ], 2005 × [ ]의 계산 결과에서 ♥, ●에 알맞은 수를 구합니다.

$$
\begin{array}{r}
2\ 0\ 0\ 4 \\
\times \quad \boxed{} \\
\hline
\boxed{} \\
\boxed{}\ 0 \\
\hline
\boxed{}
\end{array}
\qquad
\begin{array}{r}
2\ 0\ 0\ 5 \\
\times \quad \boxed{} \\
\hline
\boxed{} \\
\boxed{}\ 0 \\
\hline
\boxed{}
\end{array}
$$

❶에서 찾은 규칙을 적용하면 ♥=7, ●=9입니다.

→

답 ♥ : _____ , ● : _____

💡 확인하기 문제를 풀기 위해 배워서 적용한 전략에 ○표 하세요.

단순화하기 ( )   규칙 찾기 ( )   표 만들기 ( )

2 정사각형으로 만든 모양의 배열을 보고, 여섯째에 알맞은 모양에서 정사각형은 몇 개인지 구하세요.

첫째　　　둘째　　　　셋째　　　　　넷째

문제 그리기 　문제를 읽고, 그림을 완성하고, □ 안에 알맞은 수나 말을 써넣으면서 풀이 과정을 계획합니다. (❓: 구하고자 하는 것)

첫째　　　둘째　　　　셋째　　　　　넷째

I	I +4	I +4+ □	I +4+ □ + □

❓ : □ 째 모양의 □□□□□ 수

계획-풀기 　틀린 부분에 밑줄을 긋고 그 부분을 바르게 고친 것을 화살표 오른쪽에 쓰거나 모눈에 알맞은 모양을 그리면서 답을 구합니다.

❶ 모양은 가운데 정사각형에서부터 위쪽과 아래쪽으로 각각 3개씩 늘어나는 규칙입니다.

→

❷ 다섯째와 여섯째에 알맞은 모양을 그립니다.

다섯째　　　　　　　　　　여섯째

❸ 다섯째에 알맞은 모양에서 정사각형 수는 13이고, 여섯째에 알맞은 모양에서 정사각형 수는 16입니다.

→

답 _____

확인하기 　문제를 풀기 위해 배워서 적용한 전략에 ○표 하세요.

예상하고 확인하기　 (　　)　　　　표 만들기　 (　　)　　　　규칙 찾기　 (　　)

문제정보를 복합적으로 나타내기?

문제에서 주어진 정보를 잘 이해하여 해법의 단서로 사용하는 것은 문제 해결에서 가장 중요합니다. 특별하게 식 세우기나 표 만들기처럼 하나의 전략을 사용해서 답을 구하는 게 아니라 해법을 구하는 단서나 실마리가 되는 정보들을 나타내는 방법이에요. 식일 수도 있고 그림일 수도 있고 아닐 수도 있습니다. 문제정보를 상황 속에서 나타내면서 문제를 이해하고, 그 과정에서 답을 구하는 전략입니다.

문제를 푸는 데 가장 중요한 것이 뭘까요? 바로 문제를 풀기 위해서는 문제에서 주어진 정보나 조건을 잘 이해하고 이를 사용해야 해요.

식을 세우는 건가요? 아니면 표를 만드나요?

그보다 중요한 것은 문제 조건과 정보를 잘 이해하고 사용해야 한다는 것! 그러기 위해서는 문제에서 주어진 것과 구해야 할 것을 모두 식 세우기나 그림 그리기 등으로 나타내야 해요. 그래야 어떻게 풀 수 있는지 보인답니다.

반드시요?

항상 그런 것은 아니지만 '규칙 찾기'와 같은 경우는 머릿속에서 한 문장으로 떠오르는 것을 이용하거든요.

1 수연이네 학교 4학년 학생들을 대상으로 지난달 동화책을 2권보다 더 많이 읽은 학생 수를 반별로 조사하여 나타낸 막대그래프입니다. 지난달 동화책을 2권보다 더 많이 읽은 학생 수가 가장 많은 반은 몇 반인지 쓰세요.

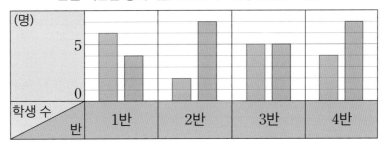

반별 지난달 동화책을 2권보다 더 많이 읽은 학생 수

■ 남학생 ■ 여학생

🗓 **문제 그리기**　문제를 읽고, □ 안에 알맞은 수나 말을 써넣으면서 풀이 과정을 계획합니다. (❓: 구하고자 하는 것)

반	1	2	3	4
학생 수(명)	6+□	2+□	□+□	□+□

❓ : 지난달 동화책을 □권보다 더 많이 읽은 학생 수가 가장 □ 반

🔢 **계획-풀기**　틀린 부분에 밑줄을 긋고 그 부분을 바르게 고친 것을 화살표 오른쪽에 씁니다.

❶ 각 반별로 지난달 동화책을 2권보다 더 많이 읽은 (남학생 수)＋(여학생 수)를 구합니다.

1반: 6＋4＝10(명)　　　　　2반: 5＋8＝13(명)
3반: 5＋5＝10(명)　　　　　4반: 8＋4＝12(명)

→

❷ 지난달 동화책을 2권보다 더 많이 읽은 학생 수는 2반이 13명으로 가장 많습니다.

→

답 _____

💡 **확인하기**　문제를 풀기 위해 배워서 적용한 전략에 ○표 하세요.

문제정보 복합적으로 나타내기　(　　)　　　규칙 찾기　(　　)　　　표 만들기　(　　)

2 수 배열표를 보고 조건 을 만족하는 어떤 수를 구하세요.

5	10	15	20	25	30
35	40	45	50	55	60
65	70	75	80	85	90

조건

어떤 수의 5배가 ⬚⬚ 안에 있는 5개의 수의 합과 같습니다.

📷 **문제 그리기** 문제를 읽고, □ 안에 알맞은 수나 말을 써넣으면서 풀이 과정을 계획합니다. (?: 구하고자 하는 것)

어떤 수의 □배가 15/50 ⬚ 안에 있는 □개의 수의 □과 같습니다.

⬚ : 어떤 수

🧩 **계획-풀기** 틀린 부분에 밑줄을 긋고 그 부분을 바르게 고친 것을 화살표 오른쪽에 씁니다.

❶ ⬚⬚ 안에 있는 5개의 수의 합은 $15+25+50+75+85=355$입니다.

→

❷ '어떤 수의 5배가 ⬚⬚ 안에 있는 5개의 수의 합과 같습니다.'에서 어떤 수를 □로 놓고 식으로 나타내면 $□×5=355$입니다.

→

❸ 조건을 만족하는 어떤 수 □를 구하면 $□×5=355, □=355÷5, □=71$입니다.

→

답 _____

💡 **확인하기** 문제를 풀기 위해 배워서 적용한 전략에 ○표 하세요.

문제정보 복합적으로 나타내기 ( ) 규칙 찾기 ( ) 표 만들기 ( )

1 규칙적인 수의 배열에서 ●, ◆에 알맞은 수를 구하세요.

6480	2160	●	240

240	120	60	◆

📖 **문제 그리기**   문제를 읽고, □ 안에 알맞은 말이나 모양을 넣으면서 풀이 과정을 계획합니다. (❓: 구하고자 하는 것)

6480	⬜	●	240

240	⬜	⬜	◆

❓ : ●, ⬜ 에 알맞은 수

🔧 **계획-풀기**

❶ 수의 배열에서 규칙 찾기

❷ ●, ◆에 알맞은 수 구하기

답 ● :   , ◆ :

2 규칙에 따라 여섯째에 알맞은 도형을 그리세요.

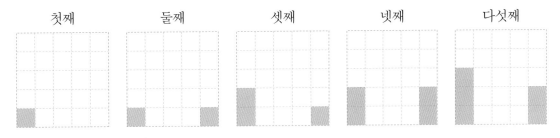

첫째   둘째   셋째   넷째   다섯째

📖 **문제 그리기**   문제를 읽고, □ 안에 알맞은 말을 써넣으면서 풀이 과정을 계획합니다. (❓: 구하고자 하는 것)

첫째	둘째	셋째	넷째	다섯째	…
l	l	l	2	⬜	⬜ ⬜	⬜ ⬜	…

❓ : ⬜ 째에 알맞은 도형

🔧 **계획-풀기**

❶ 도형의 배열에서 규칙 찾기

❷ 여섯째에 알맞은 도형 그리기

답   여섯째

139

3 계산식의 규칙에 따라 ㉠에 알맞은 수와 ㉡에 알맞은 식을 구하세요.

$$2 \times 2 = 1 \times 4$$
$$22 \times 22 = 121 \times 4$$
$$222 \times 222 = 12321 \times 4$$
$$2222 \times 2222 = 1234321 \times 4$$
$$22222 \times 22222 = \boxed{㉠} \times 4$$
$$222222 \times 222222 = \boxed{㉡}$$

📷 **문제 그리기** 문제를 읽고, □ 안에 알맞은 식이나 말을 써넣으면서 풀이 과정을 계획합니다. (☑: 구하고자 하는 것)

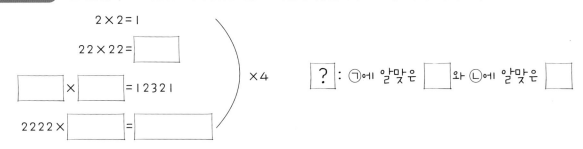

📊 **계획-풀기**

❶ 규칙을 찾아 ㉠에 알맞은 수 구하기

❷ ㉡에 알맞은 식 구하기

답 ㉠:   , ㉡:

4 계산식의 규칙에 따라 ㉠, ㉡에 알맞은 식을 구하세요.

$$3 = 1 \times 2 + 1$$
$$3 + 5 = 2 \times 3 + 2$$
$$3 + 5 + 7 = 3 \times 4 + 3$$
$$3 + 5 + 7 + 9 = 4 \times 5 + 4$$
$$3 + 5 + 7 + 9 + 11 = \boxed{㉠} + 5$$
$$3 + 5 + 7 + 9 + 11 + 13 = \boxed{㉡}$$

📷 **문제 그리기** 문제를 읽고, □ 안에 알맞은 수나 말을 써넣으면서 풀이 과정을 계획합니다. (☑: 구하고자 하는 것)

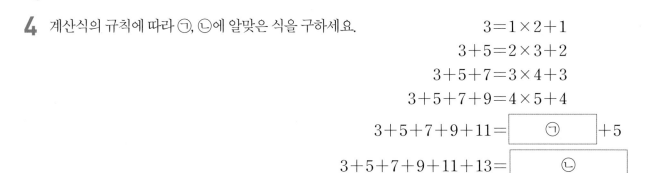

📊 **계획-풀기**

❶ 규칙을 찾아 ㉠에 알맞은 식 구하기

❷ ㉡에 알맞은 식 구하기

식 ㉠:   , ㉡:

5 계산식의 규칙에 따라 ㉠, ㉡에 알맞은 식을 구하세요.

$$764 - 249 = 515$$
$$762 - 247 = 515$$
$$760 - 245 = 515$$

㉠

㉡

📖 문제 그리기   문제를 읽고, □ 안에 알맞은 수나 말을 써넣으면서 풀이 과정을 계획합니다. (❓: 구하고자 하는 것)

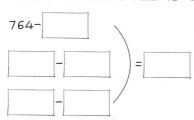

764 − [ ]

[ ] − [ ]) = [ ]

[ ] − [ ]

❓ : ㉠, ㉡에 알맞은 [ ]

🔢 계획-풀기

❶ 규칙을 찾아 ㉠에 알맞은 식 구하기

❷ ㉡에 알맞은 식 구하기

식 ㉠ :   , ㉡ :

6 규칙에 따라 계산 결과가 888이 되는 계산식을 쓰세요.

순서	계산식
첫째	$444 - 333 + 111 = 222$
둘째	$555 - 444 + 222 = 333$
셋째	$666 - 555 + 333 = 444$
넷째	$777 - 666 + 444 = 555$

📖 문제 그리기   문제를 읽고, □ 안에 알맞은 수나 말을 써넣으면서 풀이 과정을 계획합니다. (❓: 구하고자 하는 것)

첫째   444 − [ ] + 111 = 222

둘째   [ ] − [ ] + 222 = [ ]

셋째   [ ] − [ ] + [ ] = [ ]

넷째   [ ] − [ ] + [ ] = [ ]

❓ : 계산 결과가 [ ]이 되는 계산식

🔢 계획-풀기

❶ 계산식의 규칙 찾기

❷ 계산 결과가 888이 되는, 계산식 쓰기

식

7 보기 의 나눗셈식을 보고 규칙에 따라 ㉠, ㉡에 알맞은 식을 구하세요.

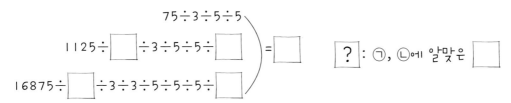

보기

$$75 \div 3 \div 5 \div 5 = 1$$
$$1125 \div 3 \div 3 \div 5 \div 5 \div 5 = 1$$
$$16875 \div 3 \div 3 \div 3 \div 5 \div 5 \div 5 \div 5 = 1$$

$$147 \div 3 \div 7 \div 7 = 1$$
$$3087 \div 3 \div \boxed{㉠} = 1$$
$$\boxed{㉡} = 1$$

📷 **문제 그리기** 문제를 읽고, □ 안에 알맞은 수나 말을 써넣으면서 풀이 과정을 계획합니다. (⁇: 구하고자 하는 것)

$$75 \div 3 \div 5 \div 5$$
$$1125 \div \boxed{} \div 3 \div 5 \div 5 \div \boxed{}$$
$$16875 \div \boxed{} \div 3 \div 3 \div 5 \div 5 \div \boxed{}$$
$$\biggr\} = \boxed{}$$

$\boxed{?}$: ㉠, ㉡에 알맞은 $\boxed{}$

🔢 **계획-풀기**

❶ 보기 의 나눗셈식에서 규칙 찾기

❷ ㉠, ㉡에 알맞은 식 구하기

식 ㉠:   , ㉡:

---

8 규칙에 따라 넷째 빈칸에 알맞은 곱셈식을 구하세요.

순서	곱셈식
첫째	$10 \times 66 = 660$
둘째	$100 \times 666 = 66600$
셋째	$1000 \times 6666 = 6666000$
넷째	

📷 **문제 그리기** 문제를 읽고, □ 안에 알맞은 말을 써넣으면서 풀이 과정을 계획합니다. (⁇: 구하고자 하는 것)

첫째	$10 \times 66 = 660$
둘째	$\boxed{} \times 666 = \boxed{}00$
셋째	$\boxed{} \times \boxed{} = \boxed{}000$

$\boxed{?}$: $\boxed{}$째에 알맞은 곱셈식

🔢 **계획-풀기**

❶ 곱셈식의 규칙 찾기

❷ 넷째 빈칸에 알맞은 곱셈식 구하기

식

9 주하네 학교 4학년 학생 40명이 좋아하는 게임을 조사하여 나타낸 막대그래프입니다. 보드 게임을 좋아하는 학생 수가 카드 게임을 좋아하는 학생 수보다 3명 더 많을 때 보드 게임과 카드 게임을 좋아하는 학생은 각각 몇 명인지 구하세요.

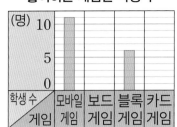

좋아하는 게임별 학생 수

📷 **문제 그리기** 문제를 읽고, □ 안에 알맞은 수나 말을 써넣으면서 풀이 과정을 계획합니다. (⬚: 구하고자 하는 것)

게임	모바일	보드	블록	카드	합계
학생 수(명)	□	▲+□	□	▲	□

?: □ 게임과 □ 게임을 좋아하는 학생 □

🔢 **계획-풀기**

❶ 카드 게임을 좋아하는 학생 수를 ■명이라 하고 보드 게임을 좋아하는 학생 수 나타내기

❷ 보드 게임과 카드 게임을 좋아하는 학생 수를 각각 구하기

답 보드 게임: ＿＿＿＿＿＿ , 카드 게임: ＿＿＿＿＿＿

10 어느 지역 작은 서점의 나이대별 주말 이용자 수를 조사하여 나타낸 표입니다. 20대 이용자 수는 30대 이용자 수보다 18명 더 적고, 40대 이용자 수는 20대 이용자 수보다 42명 더 많습니다. 표를 보고 막대그래프로 나타낼 때 눈금 한 칸이 이용자 6명을 나타낸다면 20대와 40대 이용자 수의 막대는 각각 몇 칸이고, 전체 이용자는 몇 명인지 구하세요.

작은 서점의 나이대별 주말 이용자 수

나이	10대	20대	30대	40대	합계
이용자 수(명)	36		48		

📷 **문제 그리기** 문제를 읽고, □ 안에 알맞은 수를 써넣으면서 풀이 과정을 계획합니다. (⬚: 구하고자 하는 것)

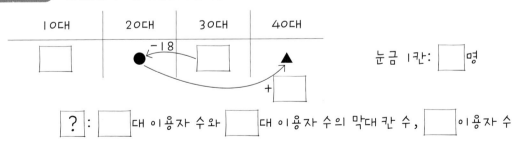

?: □ 대 이용자 수와 □ 대 이용자 수의 막대 칸 수, □ 이용자 수

🔢 **계획-풀기**

❶ 20대와 40대 이용자 수의 눈금은 각각 몇 칸인지 구하기

❷ 전체 이용자 수 구하기

답 20대: ＿＿＿＿ , 40대: ＿＿＿＿ , 전체: ＿＿＿＿

11 반별 장기 자랑 대회에서 민준이네 반 학생들이 연주할 수 있는 악기를 조사하여 나타낸 막대그래프의 일부분입니다. 첼로를 연주할 수 있는 학생 수는 기타를 연주할 수 있는 학생 수의 2배이고, 바이올린을 연주할 수 있는 학생 수는 피아노를 연주할 수 있는 학생 수보다 5명 더 적습니다. 민준이네 반에서 악기를 연주할 수 있는 학생은 모두 몇 명인지 구하세요.

연주할 수 있는 악기별 학생 수

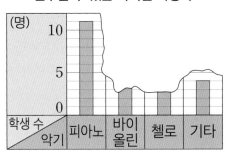

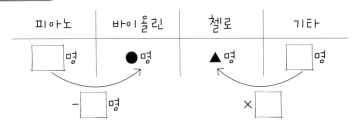

📝 **문제 그리기** 문제를 읽고, □ 안에 알맞은 수나 말을 써넣으면서 풀이 과정을 계획합니다. (▒: 구하고자 하는 것)

피아노	바이올린	첼로	기타
☐명	●명	▲명	☐명

　－☐명　　　×☐

? : 민준이네 반에서 ☐를
연주할 수 있는 학생 수

📊 **계획-풀기**

❶ 첼로를 연주할 수 있는 학생 수 구하기

❷ 바이올린을 연주할 수 있는 학생 수 구하기

❸ 민준이네 반에서 악기를 연주할 수 있는 학생 수 구하기

답 _____

12 해수네 학교 3학년과 4학년은 함께 동물원 체험 학습을 가기 위해 학생들이 좋아하는 동물을 조사하여 막대그래프로 나타내었습니다. 3학년 학생 수와 4학년 학생 수가 같을 때 판다를 좋아하는 4학년 학생은 몇 명인지 구하세요.

좋아하는 동물별 학생 수

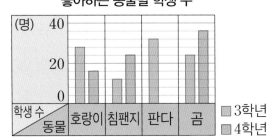

📝 **문제 그리기** 문제를 읽고, □ 안에 알맞은 수나 말을 써넣으면서 풀이 과정을 계획합니다. (▒: 구하고자 하는 것)

	호랑이	침팬지	판다	곰
3학년	28	☐	☐	☐
4학년	☐	☐	▲	☐

합계 같음

? : ☐를 좋아하는
☐학년 학생 수

📊 **계획-풀기**

❶ 3학년 학생 수 구하기

❷ 판다를 좋아하는 4학년 학생 수 구하기

답 _____

13 서연이네 반 학생들에게 미술 시간에 그림을 그리고 싶은 장소를 조사하여 나타낸 막대그래프의 일부분입니다. 거리에서 그림을 그리고 싶은 학생의 막대 칸 수는 놀이공원에서 그림을 그리고 싶은 학생의 막대 칸 수보다 2칸 더 많습니다. 눈금 한 칸이 1명인 막대그래프로 다시 나타낸다면 거리에서 그림을 그리고 싶은 학생의 막대는 몇 칸인지 구하세요.

그림을 그리고 싶은 장소별 학생 수

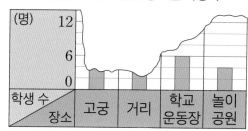

📷 **문제 그리기** 문제를 읽고, □ 안에 알맞은 수나 말을 써넣으면서 풀이 과정을 계획합니다. (?: 구하고자 하는 것)

거리	놀이공원
▲명	□명

+ □ 칸(1칸은 □명)

?: 눈금 한 칸이 □명인 막대그래프로 다시 나타낼 때 □에서 그림을 그리고 싶은 학생의 □칸 수

🔢 **계획-풀기**

❶ 거리에서 그림을 그리고 싶은 학생의 막대 칸 수 구하기

❷ 눈금 한 칸이 1명인 막대그래프로 다시 나타낼 때 거리에서 그림을 그리고 싶은 학생의 막대 칸 수 구하기

답 _____

14 송엽이네 학교 4학년 학생 중 줄넘기 대회에서 2단 뛰기를 50번보다 많이 한 학생 수를 반별로 조사하여 나타낸 막대그래프입니다. 2단 뛰기를 50번보다 많이 한 학생 수는 2반이 3반보다 3명 더 적습니다. 2단 뛰기를 50번보다 많이 한 학생들에게 한 명당 색연필을 5자루씩 준다면 학교에서 준비해야 하는 색연필은 적어도 몇 자루인지 구하세요.

반별 2단 뛰기를 50번보다 많이 한 학생 수

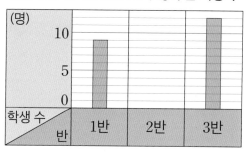

📷 **문제 그리기** 문제를 읽고, □ 안에 알맞은 수나 말을 써넣으면서 풀이 과정을 계획합니다. (?: 구하고자 하는 것)

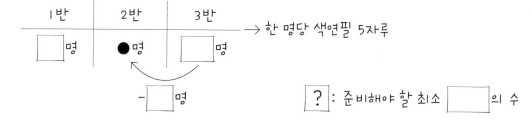

🔢 **계획-풀기**

❶ 2반에서 2단 뛰기를 50번보다 많이 한 학생 수 구하기

❷ 4학년에서 2단 뛰기를 50번보다 많이 한 학생 수 구하기

❸ 학교에서 준비해야 하는 색연필은 적어도 몇 자루인지 구하기

답 _____

15 수 배열표에서 / 방향으로 ▨으로 칠해진 칸의 수와 \ 방향으로 ▨으로 칠해진 칸의 수의 규칙을 찾아 ㉠과 ㉡에 알맞은 두 수의 합을 구하세요.

5	6	7	8	9
12	13	14	15	16
	20	21	22	
㉠				㉡

📷 **문제 그리기** 문제를 읽고, □ 안에 알맞은 수나 말을 써넣으면서 풀이 과정을 계획합니다. (❓: 구하고자 하는 것)

/ 방향: 9 - ☐ - ☐ - ▲ - ㉠

\ 방향: 5 - ☐ - ☐ - ● - ㉡

❓ : ㉠과 ㉡에 알맞은 두 수의 ☐

계획-풀기

❶ / 방향으로 ▨으로 칠해진 칸에 있는 수의 규칙을 찾아 ㉠ 구하기

❷ \ 방향으로 ▨으로 칠해진 칸에 있는 수의 규칙을 찾아 ㉡ 구하기

❸ ㉠과 ㉡에 알맞은 두 수의 합 구하기

답 _____

16 조건 을 만족하는 규칙적인 수의 배열에서 가장 큰 수와 가장 작은 수의 차를 구하세요.

조건
- 가장 작은 수는 233이고, \ 방향으로 다음 수는 앞의 수보다 110씩 커집니다.
- 가장 큰 수는 543이고, / 방향으로 다음 수는 앞의 수보다 90씩 작아집니다.

133	143	153	163	173	183
233	243	253	263	273	283
333	343	353	363	373	383
433	443	453	463	473	483
533	543	553	563	573	583
633	643	653	663	673	683

📷 **문제 그리기** 문제를 읽고, □ 안에 알맞은 수나 말을 써넣으면서 풀이 과정을 계획합니다. (❓: 구하고자 하는 것)

233에서 \ 방향으로

☐ 에서 / 방향으로 ⎤ 수들에 선 긋기(위 표에)

❓ : 조건을 만족하는 ☐ 의 배열에서 가장 ☐ 수와 가장 작은 수의 ☐

계획-풀기

❶ 첫 번째 조건을 만족하는 수들 찾기

❷ 두 번째 조건을 만족하는 수들 찾기

❸ 가장 큰 수와 가장 작은 수의 차 구하기

답 _____

STEP 3

내가 수학하기
한 단계 UP!
식 세우기 | 표 만들기 | 규칙 찾기
문제정보 복합적으로 나타내기
정답과 풀이 44~47쪽

1 환희의 사탕 상자에 노란색, 빨간색, 주황색 사탕이 같은 수로 들어 있었습니다. 며칠 후 먹고 남은 사탕 수를 새로 배운 막대그래프로 나타낸 종이를 들고 마트에 갔습니다. 그런데 막대그래프의 일부분이 찢어져서 사탕 수를 정확히 알 수 없었습니다. 남은 사탕 118개 중에서 빨간색 사탕 수가 주황색 사탕 수보다 18개 더 많았다는 것이 생각났습니다. 상자에 남아 있는 빨간색 사탕과 노란색 사탕은 각각 몇 개인지 구하세요.

색깔별 먹고 남은 사탕 수

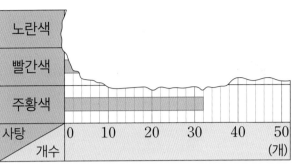

📝 **문제 그리기** 문제를 읽고, □ 안에 알맞은 수나 말을 써넣으면서 풀이 과정을 계획합니다. (🗌: 구하고자 하는 것)

노란	빨간	주황	합계
▲	●	☐	☐

+ ☐

🗌 : ☐ 색 사탕 수와 ☐ 색 사탕 수

🧮 **계획-풀기**

답 빨간색: , 노란색:

2 가은이네 학교 학생들이 가장 좋아하는 공휴일을 조사하여 나타낸 막대그래프입니다. 이 막대그래프를 더 자세히 그리기 위해 세로 눈금 한 칸을 학생 3명으로 나타낸다면 어린이날과 성탄절의 막대는 각각 몇 칸으로 나타내어야 하는지 구하세요.

가장 좋아하는 공휴일별 학생 수

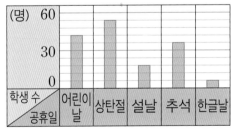

📝 **문제 그리기** 위 막대그래프에 확인할 것을 표시하고, □ 안에 알맞은 수나 말을 써넣으면서 풀이 과정을 계획합니다.
(🗌: 구하고자 하는 것)

	어린이날	성탄절	설날	추석	한글날
칸 수	7	☐	3	☐	☐

🗌 : 세로 한 칸을 ☐명으로 하는 막대그래프에서 ☐과 성탄절의 막대 칸 수

🧮 **계획-풀기**

답 어린이날: , 성탄절:

3 곱셈식의 규칙에 따라 370368×24를 계산하세요.

순서	곱셈식
첫째	$370368 \times 3 = 1111104$
둘째	$370368 \times 6 = 2222208$
셋째	$370368 \times 9 = 3333312$
넷째	$370368 \times 12 = 4444416$

문제 그리기 위 곱셈식에 바뀌는 부분을 표시하고, □ 안에 알맞은 수나 말을 써넣으면서 풀이 과정을 계획합니다. (②: 구하고자 하는 것)

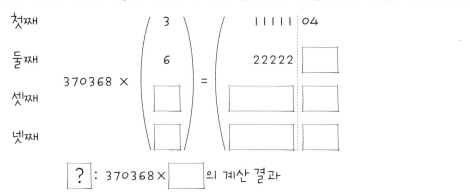

첫째
둘째
셋째
넷째

$$370368 \times \begin{pmatrix} 3 \\ 6 \\ \boxed{} \\ \boxed{} \end{pmatrix} = \begin{pmatrix} 11111 \,|\, 04 \\ 22222 \,|\, \boxed{} \\ \boxed{} \,|\, \boxed{} \\ \boxed{} \,|\, \boxed{} \end{pmatrix}$$

$\boxed{?}$: $370368 \times \boxed{}$의 계산 결과

계획-풀기

답 _____

4 모형으로 쌓은 모양의 배열을 보고, 아홉째 모양을 쌓을 때 필요한 모형은 몇 개인지 구하세요.

첫째　　　　둘째　　　　셋째　　　　넷째

문제 그리기 문제를 읽고, □ 안에 알맞은 수나 말을 써넣으면서 풀이 과정을 계획합니다. (②: 구하고자 하는 것)

첫째	둘째	셋째	넷째
1	1+3	1+$\boxed{}$+$\boxed{}$	1+$\boxed{}$+$\boxed{}$+$\boxed{}$

$\boxed{?}$: $\boxed{}$째 모양을 쌓을 때 필요한 모형의 수

계획-풀기

답 _____

5 호원이네 아파트에 360 kg까지 탈 수 있는 승강기가 있습니다. 어른 한 명의 몸무게가 70 kg, 어린이 한 명의 몸무게가 34 kg이라 할 때 호원이네 아파트의 승강기에 어른과 어린이가 가능한 한 많이 탈 수 있는 방법은 모두 몇 가지인지 구하세요. (단, 어른이나 어린이만 탈 수도 있습니다.)

승강기
[   ] kg까지

어른 1명: [   ] kg

어린이 1명: [   ] kg

❓: 승강기에 어른과 [   ] 가 가능한 한 많이 탈 수 있는 방법의 수

답 _____

6 민지는 길이가 12 cm인 리본을 남김없이 3조각으로 잘라서 삼각형을 만들려고 합니다. 삼각형의 세 변의 길이가 자연수가 되도록 리본을 자를 때 만들 수 있는 삼각형은 모두 몇 가지인지 구하세요. (단, 삼각형은 가장 긴 변의 길이가 나머지 두 변의 길이의 합보다 작아야 만들 수 있고, 삼각형을 뒤집거나 돌려서 같은 모양이 나오면 같은 삼각형으로 생각합니다.)

세 변의 길이가 3 cm, 4 cm, 5 cm인 경우는 $3+4>5$이므로 삼각형을 만들 수 있어요.
그런데 세 변의 길이가 3 cm, 4 cm, 8 cm인 경우는 $3+4<8$이어서 삼각형을 만들 수 없습니다.

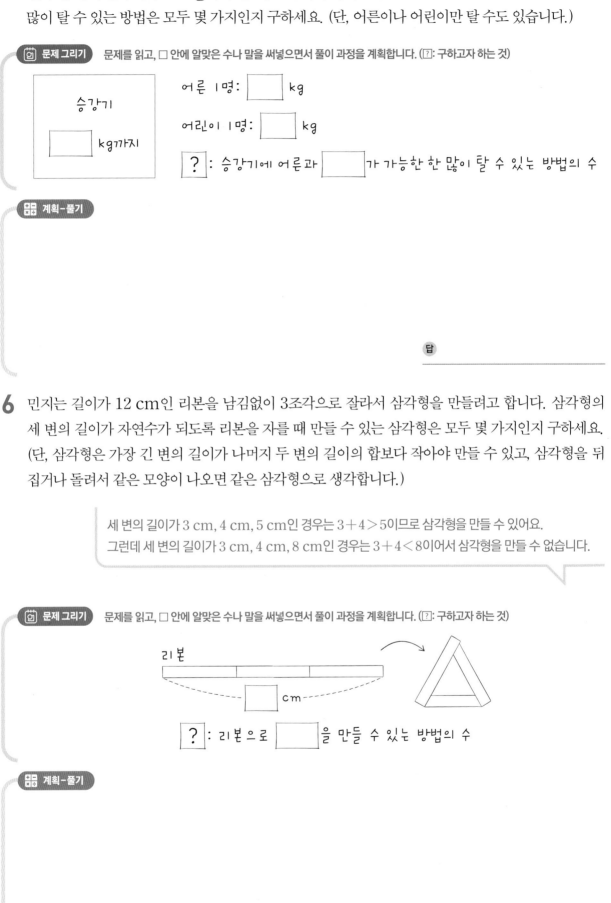

리본

[   ] cm

❓: 리본으로 [   ] 을 만들 수 있는 방법의 수

답 _____

7 구정이 어머니의 선물 가게 간판을 보라색 전구 3개와 회색 전구 1개로 장식하려고 합니다. 보라색 전구와 회색 전구를 옆으로 길게 한 줄로 놓아 장식하는 방법은 모두 몇 가지인지 구하세요.

문제 그리기 문제를 읽고, □ 안에 알맞은 수나 말을 써넣으면서 풀이 과정을 계획합니다. (❓: 구하고자 하는 것)

보라색 □ 개, 회색 □ 개

◯ ◯ ◯ ◯

❓ : □ 줄로 놓아 전구로 장식하는 □ 의 수

계획-풀기

답 _____

8 도형의 배열을 보고, 규칙에 따라 여덟째에 알맞은 도형에서 흰색 사각형과 검은색 사각형은 각각 몇 개인지 구하세요.

첫째　　　둘째　　　　셋째　　　　　　넷째

문제 그리기 문제를 읽고, □ 안에 알맞은 말을 써넣으면서 풀이 과정을 계획합니다. (❓: 구하고자 하는 것)

	첫째	둘째	셋째	넷째
흰색	(1×1)×4	(2×2)×□	(□×□)×4	(□×□)×□
검은색	5	5+□	5+□+□	5+□+□+□

❓ : □ 째 도형의 흰색 사각형 수와 □ 색 사각형 수

계획-풀기

답 흰색: _____ , 검은색: _____

9 규칙적인 수의 배열에서 ●, ♥에 알맞은 수를 구하세요.

8127	2709	●	301

	301	602	1204	♥

문제 그리기 문제를 읽고, □ 안에 알맞은 말이나 모양을 넣으면서 풀이 과정을 계획합니다. (?: 구하고자 하는 것)

8127	☐	●	301

	301	☐	☐	♥

?: ☐, ☐ 에 알맞은 수

계획-풀기

답 ●: , ♥:

10 도형의 배열을 보고, 규칙에 따라 여섯째에 알맞은 도형을 그리고 여섯째 도형에서 초록색 정사각형과 주황색 정사각형은 각각 몇 개인지 구하세요.

첫째   둘째   셋째   넷째

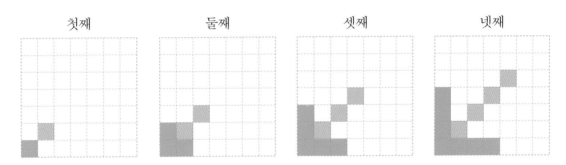

문제 그리기 문제를 읽고, □ 안에 알맞은 말을 써넣으면서 풀이 과정을 계획합니다. (?: 구하고자 하는 것)

	첫째	둘째	셋째	넷째
초록색	1	1+2	1+2+☐	1+2+☐+☐
주황색	1	1+☐	1+1+☐	1+1+☐+☐

?: ☐ 째에 알맞은 도형, 초록색 정사각형 수와 ☐ 색 정사각형 수

계획-풀기

답   여섯째

초록색: , 주황색:

11 2063년 이집트의 스핑크스가 다시 살아나서 그 길을 지나는 사람들에게 문제를 냅니다. 수의 규칙을 찾아 ●, ◆에 알맞은 수를 구하세요.

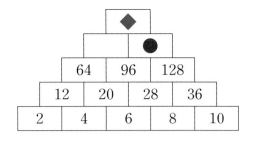

📷 **문제 그리기** 문제를 읽고, □ 안에 알맞은 수나 기호를 써넣으면서 풀이 과정을 계획합니다. (?: 구하고자 하는 것)

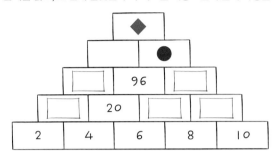

?: □, □에 알맞은 수

🔢 **계획-풀기**

답 ●: _____ , ◆: _____

12 계산식의 규칙에 따라 ㉠, ㉡에 알맞은 식을 구하세요.

$$5+6=2\times5+1$$
$$5+6+7=3\times5+3$$
$$5+6+7+8=4\times5+6$$
$$5+6+7+8+9=5\times5+10$$

$$5+6+7+8+9+10=\boxed{\qquad㉠\qquad}+15$$

$$5+6+7+8+9+10+11=\boxed{\qquad㉡\qquad}$$

📷 **문제 그리기** 문제를 읽고 □ 안에 알맞은 말이나 식을 써넣으면서 풀이 과정을 계획합니다. (?: 구하고자 하는 것)

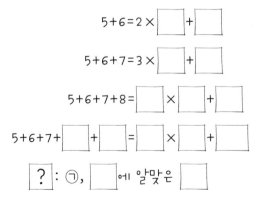

🔢 **계획-풀기**

식 ㉠: _____ , ㉡: _____

13 <u>보기</u>의 계산식을 보고 규칙에 따라 ㉠, ㉡에 알맞은 식을 구하세요.

<u>보기</u>

$$28 \div 7 \div 2 \div 2 = 1$$
$$392 \div 7 \div 7 \div 2 \div 2 \div 2 = 1$$
$$5488 \div 7 \div 7 \div 7 \div 2 \div 2 \div 2 \div 2 = 1$$

$$45 \div 5 \div 3 \div 3 = 1$$

㉠

㉡

문제 그리기 문제를 읽고, □ 안에 알맞은 말을 써넣으면서 풀이 과정을 계획합니다. (?: 구하고자 하는 것)

$$28 \div 7 \div 2 \div \boxed{} = \boxed{}$$

$$392 \div 7 \div 7 \div 2 \div \boxed{} \div \boxed{} = \boxed{}$$

$$\boxed{} \div 7 \div 7 \div \boxed{} \div 2 \div \boxed{} \div \boxed{} \div \boxed{} = \boxed{}$$

$$\boxed{?} : ㉠, ㉡에 알맞은 \boxed{}$$

계획-풀기

식 ㉠ : ⠀⠀⠀⠀⠀⠀⠀⠀⠀⠀⠀⠀⠀⠀ , ㉡ :

14 하진이네 반 학생 32명이 모둠끼리 토론하고 싶은 주제를 조사하여 나타낸 막대그래프입니다. 동물을 주제로 토론하고 싶은 학생 수가 독서를 주제로 토론하고 싶은 학생 수보다 7명 더 많을 때 토론하고 싶은 주제가 동물, 독서인 모둠의 학생은 각각 몇 명인지 구하세요.

토론하고 싶은 주제별 학생 수

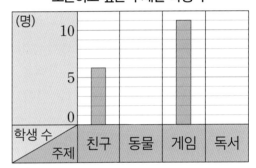

문제 그리기 문제를 읽고, □ 안에 알맞은 수나 말을 써넣으면서 풀이 과정을 계획합니다. (?: 구하고자 하는 것)

주제	친구	동물	게임	독서	합계
학생 수(명)	$\boxed{}$	▲	$\boxed{}$	●	$\boxed{}$

$$+ \boxed{}$$

$\boxed{?}$: 토론하고 싶은 주제가 $\boxed{}$ 인 모둠의 학생 수와 $\boxed{}$ 인 모둠의 학생 수

계획-풀기

답 동물 : ⠀⠀⠀⠀⠀⠀⠀⠀⠀⠀⠀⠀ , 독서 :

15 수현이가 설명하는 규칙에 따라 다섯째와 여섯째에 알맞은 도형에서 정사각형은 각각 몇 개인지 구하세요.

수현

왼쪽 위에서 시작하여 정사각형이 오른쪽으로 1개, 아래쪽으로 2개씩 번갈아 가며 늘어나는 규칙이에요.

| 첫째 | 둘째 | 셋째 | 넷째 | 다섯째 | 여섯째 |

📝 문제 그리기 문제를 읽고, □ 안에 알맞은 수나 말을 써넣으면서 풀이 과정을 계획합니다. (❓: 구하고자 하는 것)

왼쪽 위에서 시작하여 정사각형의 오른쪽으로 ☐ 개, 아래쪽으로 ☐ 개씩 번갈아 가며 늘어나는 규칙입니다.

❓ : 다섯째와 ☐ 째에 알맞은 도형에서 각각의 ☐ 수

🧮 계획-풀기

답 다섯째: _____ , 여섯째: _____

---

16 연이네 학교에는 500원짜리와 100원짜리 동전만 사용할 수 있는 음료수 자판기가 있는데 이 자판기에서 음료수별 뽑을 때 필요한 금액을 오른쪽과 같이 막대그래프로 나타내었습니다. 연이가 친구와 함께 코코아 2잔과 레몬주스 1잔을 뽑을 때 필요한 500원짜리와 100원짜리 동전은 각각 몇 개인지 구하세요. (단, 100원짜리 동전은 4개까지만 넣을 수 있습니다.)

음료수별 동전 수

(그래프) ■500원 ■100원

📝 문제 그리기 문제를 읽고, □ 안에 알맞은 수를 써넣으면서 풀이 과정을 계획합니다. (❓: 구하고자 하는 것)

	코코아	콜라	사이다	레몬주스
500원짜리(개)	2	1	☐	☐
100원짜리(개)	☐	☐	☐	☐

❓ : 코코아 ☐ 잔과 레몬주스 ☐ 잔을 뽑기 위해 필요한 500원짜리 동전 수와 100원짜리 동전 수

🧮 계획-풀기

답 500원짜리: _____ , 100원짜리: _____

1 채린이는 부모님이 데리고 온 유기견의 이름을 네 글자로 짓기로 했습니다. 부모님과 동생, 채린이가 생각하는 글자는 각각 '달', '정', '지', '희'입니다. 채린이가 네 글자를 한 번씩 모두 사용하여 지을 수 있는 유기견의 이름은 모두 몇 가지인지 구하세요.

(   )

2 육각형 모양의 꽃밭 둘레에 튤립을 한 변에 21송이씩 심었습니다. 여기에 심었던 튤립 수와 같은 수로 십각형 모양의 꽃밭 둘레에 같은 방법으로 심으려고 합니다. 십각형 모양의 꽃밭 둘레에 튤립을 한 변에 몇 송이씩 심어야 하는지 구하세요. (단, 모든 꼭짓점에는 반드시 튤립을 심습니다.)

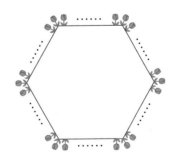

(   )

3 이런저런 사막에 흙을 매일 쌓아 성을 지으려고 합니다. 흙을 하루의 낮에는 5 m만큼 쌓을 수 있는데 밤에 부는 강한 바람으로 2 m만큼 없어진다고 합니다. 흙을 쌓아 처음으로 높이가 29 m인 성이 지어지는 것은 성을 짓기 시작한지 며칠만인지 구하세요.

(   )

4 정우는 서랍을 정리하다가 1년 전에 친구들과 찍은 사진을 발견했습니다. 이 사진에서 시연이만 빼고 정우와 친구 2명은 마시고 있던 서로 다른 음료를 탁자 위에 올려놓은 장면이었습니다. 음료는 콜라, 물, 코코아, 우유였습니다. 조건을 보고 네 사람이 마시던 음료가 무엇이었는지 가능한 경우는 모두 몇 가지인지 구하세요.

- 도현이는 우유를 마시지 못합니다.
- 시연이는 콜라를 마십니다.
- 정우와 준서는 물을 싫어합니다.

(   )

가능한 경우

1 문어 대왕은 이번 새우잡이에 공을 세운 문어 셋을 불러 상을 주려고 합니다. 문제는 누구의 공이 더 큰지 알 수 없었습니다. 똑같이 나누어 주려고 하니 억울한 문어가 있을 것 같아 그들의 지혜로움 정도에 맞추어 상을 주기로 했습니다.

이번 새우잡이에 공이 큰 너희 셋에게 상을 내리려 한다. 그런데 누구의 공이 더 큰지 알 수가 없구나. 그래서 지금 알아보고자 한다.
여기 새우들을 너희가 애쓴 만큼 공평하게 나눠 줄 게야. 삼각형 모양으로 놓은 접시가 보이느냐? 한 변에 놓인 새우 수가 모두 같아야 한다.

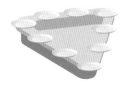

한 변에 놓인 새우 수의 100배를 각각 주도록 하겠다.

 삼각형 모양으로 놓은 접시에 올릴 수 있는 새우는 모두 몇 마리입니까?

 삼각형 모양으로 놓은 접시의 세 변에 올린 새우 수가 모두 같아야 하는 것입니까?

 사용할 수 있는 새우 수는 우리 모두 같은 것입니까?

문어 대왕이 "너희 셋이 각자 사용할 수 있는 새우는 72마리로 모두 같고, 삼각형 모양으로 놓은 접시의 꼭짓점이나 세 변에 올라간 새우 수는 모두 같아야 한다."라고 답했습니다.

그러자 한 변에 은 48마리, 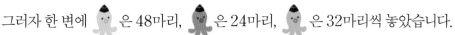 은 24마리, 은 32마리씩 놓았습니다.

세 문어가 접시에 새우를 어떻게 놓았을지 빈 접시에 새우 수를 써넣어 나타내어 보세요.

2 룰루 부족은 열매가 많은 곳에서 살고, 랄라 부족은 사냥하거나 가축과 함께 살기 좋은 곳에서 삽니다. 두 부족은 항상 식량을 서로 교환합니다. 룰루 부족과 랄라 부족의 식량 교환 약속을 보고, 룰루 부족이 준비한 사과 6개와 수박 8개는 랄라 부족의 닭 몇 마리와 교환할 수 있는지 구하세요.

< 식량 교환 약속 >

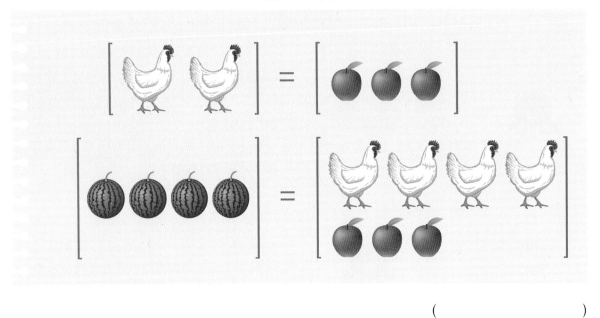

(   )

매쓰 두잉

MATH DOING +

4

4-1

정답과 풀이

정답과 풀이

수와 연산

큰 수, 곱셈과 나눗셈

개념 떠올리기　　　　12~14쪽

1 98|7654|3201 ➡ 구십팔억 칠천육백오십사만 삼천이백일
　　억　　만

　🅐 **구십팔억 칠천육백오십사만 삼천이백일**

2 ㉠ 100000000 **1억**

　㉡ 100000000 **1억**

　㉢ 10000000 **1000만**

　㉣ 100000000 **1억**

　➡ 나타내는 수가 다른 하나는 10000000(1000만)인 ㉢입니다.

　🅐 **1억, 1억, 1000만, 1억, ㉢**

3 2억씩 커지므로 114억보다 2억만큼 더 큰 수는 116억입니다.

　🅐 **116**

4 45982 = 40000 + 5000 + 900 + 80 + 2

　🅐 **5000, 80**

5 5600|9235
　　만

　➡ 백만을 나타내는 숫자는 6이고, 6000000을 나타냅니다.

　🅐 **6, 6000000**

6 수직선에서 오른쪽에 있는 수일수록 큽니다.

　❶ 61000 < 65000

　❷ 63000 < 67000

　❸ 67000 < 69000

　🅐 ❶ < ❷ < ❸ <

7 ❶ 3866|3421 > 897|7699
　　[8자리 수]　　[7자리 수]

　❷ 1|6927|8587 < 1|6978|0432
　　　　　└── 2 < 7 ──┘

　🅐 ❶ > ❷ <

8 ❶ 곱하는 수가 100배로 커지면 곱의 계산 결과도 100배로 커지므로 782 × 6 = 4692이면 782 × 600 = 469200입니다.

　❷ 845 × 7 = 5915, 845 × 30 = 25350

　➡ 845 × 37 = 5915 + 25350 = 31265

　❸ 360 ÷ 40 = 9, 36 ÷ 4 = 9로 계산 결과가 같습니다.

　❹ 529 ÷ 57 = 8···73에서 나머지 73이 나누는 수 57보다 크므로 몫을 1 크게 하면 529 ÷ 57 = 9···16입니다.

　🅐 ❶ **4692, 469200** ❷ **5915, 2535, 31265**

　　❸ **9, 9** ❹ **9, 513, 16**

9 236 ÷ 37 = 6···14이므로 6봉지를 만들고, 14개가 남습니다.

　🅢 **236 ÷ 37 = 6···14**

　🅐 **6, 14**

STEP 1　내가 수학하기 **배우기**　　예상하고 확인하기
　　　　　　　　　　　　　　　　　　　16~17쪽

1

📷 **문제 그리기**

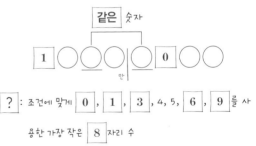

? : 조건에 맞게 0, 1, 3, 4, 5, 6, 9 를 사용한 가장 작은 **8** 자리 수

🔧 **계획-풀기**

❶ 주어진 조건을 만족하는 7자리 수를 만들기 위해 3번 사용할 수 카드를 정하고 가장 큰 수를 나열합니다.

→ 8자리, 2번, 작은

❷ 가장 큰 수를 만들기 위해 한 수를 3번 사용할 수 있으므로 그 수를 9로 정할 수 있습니다.

→ 작은, 2번, (백만의 자리 숫자를 3으로 해야 하므로) 4

❸ 따라서 조건을 만족하는 가장 큰 수는 9969054입니다.

→ 작은, 13454069

　🅐 **13454069**

💡 **확인하기**

예상하고 확인하기　　(◯)

1

2

📖 문제 그리기

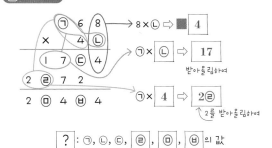

$$8 \times \text{ⓛ} \Rightarrow \boxed{} \; 4$$

$$\text{⑤} \times \text{ⓛ} \Rightarrow 17 \quad \text{받아올림하여}$$

$$\text{⑤} \times \boxed{4} \Rightarrow 2 \text{ⓔ}$$

↑ 2를 받아올림하여

$$\boxed{?} : \text{⑤}, \text{ⓛ}, \text{ⓒ}, \boxed{\text{ⓔ}}, \boxed{\text{ⓜ}}, \boxed{\text{ⓗ}} \text{의 값}$$

🔡 계획-풀기

❶ 8과 ⓛ의 곱에서 일의 자리 수가 4인 ⓛ은 3과 6입니다.

→ 8

❷ ⓛ=3이면 68×3=204이므로 ⑤68×3=1704를 만족하는 ⑤은 없습니다.

→ (568×3=1704를 만족하므로) ⑤=5입니다.

❸ ⓛ=8이면 68×8=544이므로 ⑤68×8=1744를 만족하는 ⑤은 있습니다.

→ ⑤은 없습니다.

❹ ⓛ=3이고 ⑤=5, ⓒ=3입니다.

→ ⓒ=0

❺ ❶~❹를 바탕으로 곱셈을 하면 나머지 수들을 구할 수 있습니다.

$$\begin{array}{r} 5\;6\;8 \\ \times \quad 4\;3 \\ \hline 1\;7\;0\;4 \\ 2\;3\;8\;2 \\ \hline 2\;5\;5\;2\;4 \end{array} \rightarrow \begin{array}{r} \mathbf{5\;6\;8} \\ \times \quad \mathbf{4\;3} \\ \hline \mathbf{1\;7\;0\;4} \\ \mathbf{2\;2\;7\;2} \\ \hline \mathbf{2\;4\;4\;2\;4} \end{array}$$

❻ 따라서 ⓔ=3, ⓜ=5, ⓗ=2입니다.

→ ⓔ=2, ⓜ=4

📋 답 ⑤: 5, ⓛ: 3, ⓒ: 0, ⓔ: 2, ⓜ: 4, ⓗ: 2

💡 확인하기

예상하고 확인하기 (◯)

1

📖 문제 그리기

월	저금한 돈(원)	저금통에 들어 있는 돈(원)
2월		86500
3월	▥	86500+▥
4월	▥	86500 +▥+▥
5월	▥	86500 +▥+▥+▥
6월	▥	86500 +▥+▥+▥+▥
7월	▥	86500 +▥+▥+▥+▥+▥= 164500

$$\boxed{?} : \text{매} \boxed{\text{월}} \boxed{\text{저금}} \text{한 금액(원)}$$

🔡 계획-풀기

❶ 2월부터 7월까지 저금한 금액을 먼저 구합니다.

→ 3월

❷ 2월부터 7월까지 저금한 금액은 86500+165500=252000(원)입니다.

→ 3월, 164500−86500=78000(원)

❸ 6개월 동안 매월 저금한 금액은 252000÷6=42000(원)입니다.

→ 5개월, 78000÷5=15600(원)

❹ 따라서 현정이가 매월 저금한 금액은 42000원입니다.

→ 15600원

📋 답 15600원

💡 확인하기

식 세우기 (◯)

2

📖 문제 그리기

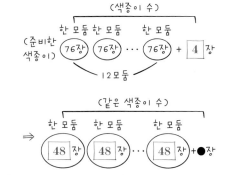

(색종이 수)

(준비한 색종이)
한 모둠 한 모둠 ～ 한 모둠
76장 76장 ⋯ 76장 + 4 장

12모둠

(같은 색종이 수)

⇒ 한 모둠 한 모둠 ～ 한 모둠
48장 48장 ⋯ 48장 +●장

$$\boxed{?} : \text{색종이를 한 모둠에} \boxed{48} \text{장씩 나누어 줄 때} \boxed{\text{모둠}} \text{수와}$$

$$\boxed{\text{남은}} \text{색종이 수}$$

계획-풀기

❶ 전체 색종이 수를 □장이라 하고, 나눗셈식으로 나타내면
□÷78＝12…4입니다.

→ □÷76＝12…4

❷ 전체 색종이 수를 구하기 위한 식은
78×12＝936, 936＋4＝940(장)입니다.

→ 76×12＝912, 912＋4＝916(장)

❸ 전체 색종이는 940장입니다.

→ 916장

❹ 색종이를 몇 모둠에게 나누어 주고 몇 장이 남았는지는
940÷48＝19…28로 구합니다.

→ 916÷48＝19…4

❺ 따라서 색종이를 아홉 모둠에게 나누어 주고 28장이 남았습니다.

→ 열아홉 모둠, 4장

답 **열아홉 모둠, 4장**

확인하기

식 세우기   （ ◯ ）

STEP 1 내가 수학하기 **배우기**

거꾸로 풀기

22~23쪽

1

문제 그리기

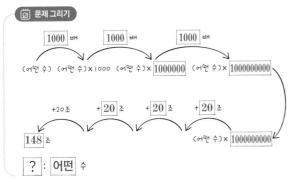

? : 어떤 수

계획-풀기

❶ 어떤 수를 3000배 한 수에 24조를 더한 수가 148조입니다.

→ 10억 배, 80조

❷ ❶의 문장을 식으로 나타내면 (어떤 수)×1000＋20조＝148조
입니다.

→ 10억, 80조

❸ 답을 구하기 위한 식인 (어떤 수)×1000＋20조＝148조에서
거꾸로 생각하면 (어떤 수)×1000＝148조－20조＝128조입니
다.

→ 10억, 80조, 10억, 80조, 68조

❹ 따라서 (어떤 수)×1000＝128조이므로 (어떤 수)＝1조 28억
입니다.

→ 10억, 68조, 68000

답 **68000**

확인하기

거꾸로 풀기   （ ◯ ）

2

문제 그리기

어떤 수 : ▲

바르게 계산 : ▲× 25

잘못한 계산 : ▲× 52 ＝ 884

? : 바르게 계산한 값

계획-풀기

❶ 어떤 수를 □라고 하면 □×25＝884입니다.

→ 52

❷ □를 구하기 위해 계산하면 □＝884×52＝45968입니다.

→ ÷, 17

❸ 어떤 수는 45968입니다.

→ 17

❹ 바르게 계산하면 □×25＝45968×25＝1149200입니다.

→ 17, 425

답 **425**

확인하기

거꾸로 풀기   （ ◯ ）

STEP 2 내가 수학하기 **해보기**

예상하고 확인하기,
식 세우기, 거꾸로 풀기

24~35쪽

1

문제 그리기

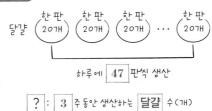

? : 3 주 동안 생산하는 달걀 수(개)

계획-풀기

❶ (하루에 생산하는 달걀 수)＝20×47＝940(개)

❷ 1주일은 7일이므로 3주는 7×3＝21(일)입니다.
(3주 동안 생산하는 달걀 수)＝940×21＝19740(개)

답 **19740개**

3

2

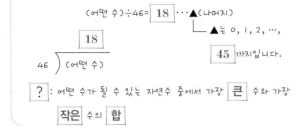

(어떤 수)÷46= 18 …▲(나머지)

▲는 0, 1, 2, …,

18

46) (어떤 수)

45 까지입니다.

? : 어떤 수가 될 수 있는 자연수 중에서 가장 $큰$ 수와 가장

$작은$ 수의 $합$

📷 계획-풀기

❶ 나누어지는 어떤 수가 가장 크려면 나머지가 가장 커야 하므로
(나머지)=45이고, 나누어지는 어떤 수가 가장 작으려면 나누어
떨어져야 하므로 (나머지)=0입니다.

가장 큰 어떤 수: (어떤 수)÷46=18…45

→ 46×18=828, 828+45=873

가장 작은 어떤 수: (어떤 수)÷46=18

→ 46×18=828

❷ (가장 큰 어떤 수)+(가장 작은 어떤 수)=873+828=1701

답 **1701**

4

📷 문제 그리기

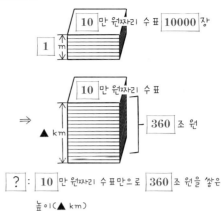

? : 10 만 원짜리 수표만으로 360 조 원을 쌓은

높이(▲ km)

📷 계획-풀기

❶ 10만(100000) 원짜리 수표가 10000장이면 1억 원이므로
360조(360000000000000) 원은 1억(1000000000) 원을 한
묶음으로 묶을 때 360000묶음입니다.

❷ 10만 원짜리 수표 10000장을 한 묶음으로 묶을 때 360000묶음
이 360조이고 한 묶음의 높이가 약 1 m이므로 360000묶음의
높이는 약 360000 m=약 360 km입니다.
따라서 10만 원짜리 수표만으로 360조 원을 쌓으면 높이는 약
360 km가 됩니다.

답 **약 360 km**

3

📷 문제 그리기

1억 원 → 21 장

1000만 원 → 28 장

100만 원 → 45 장 ▲원

10만 원 → 18 장

? : $땅$ 을 살 때 $지불$ 한 금액(원)

📷 계획-풀기

❶ 1억 원, 1000만 원, 100만 원, 10만 원짜리 수표를 각각 얼마씩
지불했는지 구하면

1억 원짜리 수표 21장 ⇨ 21억 원

1000만 원짜리 수표 28장 ⇨ 2억 8000만 원

100만 원짜리 수표 45장 ⇨ 4500만 원

10만 원짜리 수표 18장 ⇨ 180만 원

❷ 땅을 살 때 1억 원, 1000만 원, 100만 원, 10만 원짜리 수표로 지
불한 전체 금액을 구하면

21억 원

2억 8000만 원

4500만 원

180만 원

24억 2680만 원

답 **24억 2680만 원 (또는 2426800000원)**

5

📷 문제 그리기

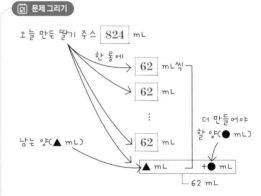

오늘 만든 딸기 주스 824 mL

한 통에 62 mL씩

62 mL

⋮

62 mL

남는 양(▲ mL)

더 만들어야
할 양(● mL)

▲ mL +● mL

62 mL

? : 더 만들어야 할 딸기 주스 최소 양(mL)과 이때 만들 수 있

는 $통$ 수

📷 계획-풀기

❶ 824÷62=13…18이므로 딸기 주스를 13통에 담고 18 mL가
남습니다.

❷ 딸기 주스를 한 통에 62 mL씩 똑같은 양으로 나누어 담을 때 남
는 딸기 주스가 없어야 하므로 남은 18 mL가 62 mL가 되기
위해서는 62-18=44 (mL)가 더 필요합니다.
따라서 딸기 주스는 적어도 44 mL 더 만들어야 하고 모두
13+1=14(통)을 만들 수 있습니다.

답 **44 mL, 14통**

6

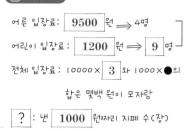

어른 입장료 : 9500 원 ⟹ 4명
어린이 입장료 : 1200 원 ⟹ 9 명
전체 입장료 : 10000 × 3 와 1000 × ●의
합은 몇백 원이 모자람

? : 낸 1000 원짜리 지폐 수(장)

📷 계획-풀기

❶ (어른 4명의 입장료)=9500×4=38000(원)
(어린이 9명의 입장료)=1200×9=10800(원)
(어른 4명과 어린이 9명의 전체 입장료)
=38000+10800=48800(원)

❷ 10000원짜리 지폐 3장을 냈으므로 더 내야 할 돈은
48800−30000=18800(원)입니다. 1000원짜리 지폐 몇 장을
내었더니 몇백 원이 부족하다고 했으므로 18800원에서 18000
원을 1000원짜리 지폐로 내면 800원이 부족합니다.
따라서 낸 1000원짜리 지폐는 18장입니다.

답 **18장**

7

📷 문제 그리기

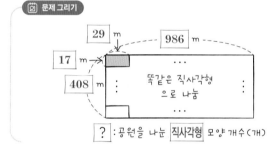

29 m
986 m
17 m →
408 m
똑같은 직사각형
으로 나눔

? : 공원을 나눈 **직사각형** 모양 개수(개)

📷 계획-풀기

❶ (가로로 나눈 직사각형 모양 수)=986÷29=34(개)
(세로로 나눈 직사각형 모양 수)=408÷17=24(개)

❷ (나눈 직사각형 모양 수)=34×24=816(개)

답 **816개**

8

📷 문제 그리기

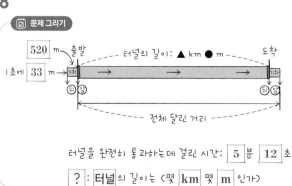

520 m 출발 터널의 길이 : ▲ km ● m 도착
1초에 33 m
기차
전체 달린 거리

터널을 완전히 통과하는 데 걸린 시간 : 5 분 12 초

? : **터널**의 길이는 (몇 km 몇 m 인가)

(우단 상단)

📷 계획-풀기

❶ 기차가 1초에 33 m씩 가는 빠르기로 일정하게 달리고, 터널을
완전히 통과하는 데 걸린 시간은 5분 12초=312초이므로
(터널을 완전히 통과하는 데 달린 거리)
=33×312=10296 (m)

❷ (터널을 완전히 통과하는 데 달린 거리)
=(터널의 길이)+(기차의 길이)
(터널의 길이)
=(터널을 완전히 통과하는 데 달린 거리)−(기차의 길이)
=10296−520=9776 (m) ➪ 9 km 776 m

답 **9 km 776 m**

9

📷 문제 그리기

어떤 수 : ▲

▲ × 2000 × 1000 =6600억 ⟹ 660000000000
억   만

? : **어떤** 수

📷 계획-풀기

❶ 660000000000÷1000=660000000

❷ (어떤 수)×2000=660000000
(어떤 수)=660000000÷2000=330000

답 **330000 (또는 33만)**

10

📷 문제 그리기

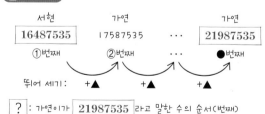

서현   가연   가연
16487535 17587535 … 21987535
①번째   ②번째   …   ●번째

뛰어 세기 : +▲   +▲   +▲

? : 가연이가 21987535 라고 말한 수의 순서(번째)

📷 계획-풀기

❶ 17587535−16487535=1100000

❷ 21987535−16487535=5500000

❸ 5500000÷1100000=5이므로 16487535부터 1100000씩
5번 뛰어 센 수 21987535는 6번째입니다.

답 **6번째**

11

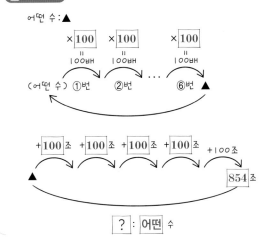

어떤 수: ▲

?: 어떤 수

계획-풀기

❶ 100조씩 커지게 5번 뛰어 세기 전의 수는 854조에서 100조씩 작아지게 5번 뛰어 센 수입니다.
854조−754조−654조−554조−454조−354조
⇨ 100조씩 커지게 5번 뛰어 세기 전의 수는 354조입니다.

❷ 어떤 수에서 100배씩 6번 뛰어 센 수가 354조이므로
(어떤 수)×1000000000000=354000000000000
(어떤 수)=354000000000000÷1000000000000=354

답 354

12

문제 그리기

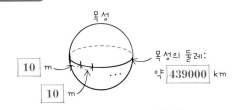

?: 목성의 둘레를 재기 위해 필요한 길이가 10 m인 끈의 개수(개)

계획-풀기

❶ 약 439000 km=약 439000000 m

❷ 약 439000000÷10=약 43900000(개)

답 약 43900000개 (또는 약 4390만 개)

13

문제 그리기

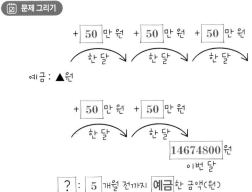

예금: ▲원

?: 5 개월 전까지 예금한 금액(원)

계획-풀기

❶ 50만×5=250만(원)=2500000(원)

❷ 14674800−2500000=12174800(원)

답 12174800원

14

문제 그리기

바르게 나누는 방법: (34마리)(34마리)…(34마리)+(남은 염소 ▲마리)
전체 염소 수(●마리)

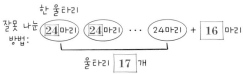

잘못 나눈 방법: (24마리)(24마리)…(24마리)+ 16 마리
울타리 17 개

?: 염소를 한 울타리에 34 마리씩 넣을 때 울타리 수(개)
와 남는 염소 수(마리)

계획-풀기

❶ (염소 수)÷24=17…16 ⇨ 24×17=408, 408+16=424이
므로 염소는 424마리입니다.

❷ 424÷34=12…16이므로 염소 424마리를 34마리씩 나누면 울
타리 12개에 들어가고 염소 16마리가 남습니다.

답 12개, 16마리

15

문제 그리기

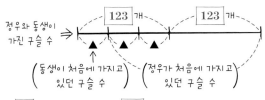

정우와 동생이 가진 구슬 수 ⇨ 123개 … 123개
(동생이 처음에 가지고 있던 구슬 수) (정우가 처음에 가지고 있던 구슬 수)

?: 정우와 동생이 각각 처음에 가지고 있던 구슬 수(개)

계획-풀기

❶ 정우가 동생에게 동생이 처음에 가지고 있던 구슬 수의 2배를 주
었으므로 동생은 처음에 가지고 있던 구슬 수의 3배가 되었습니
다.
(동생이 처음에 가지고 있던 구슬 수)
＋(동생이 처음에 가지고 있던 구슬 수)
＋(동생이 처음에 가지고 있던 구슬 수)
＝(동생이 처음에 가지고 있던 구슬 수)×3

❷ (동생이 처음에 가지고 있던 구슬 수)×3=123
(동생이 처음에 가지고 있던 구슬 수)=123÷3=41(개)

❸ 정우가 처음에 가지고 있던 구슬은 41×2=82,
82＋123=205이므로 205개입니다.

답 정우: 205개, 동생: 41개

16

[문제 그리기]

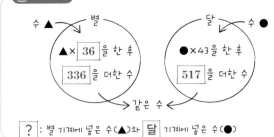

? : 별 기계에 넣은 수(▲)와 **달** 기계에 넣은 수(●)

[계획-풀기]

❶ 별 기계와 달 기계에 넣은 수를 각각 예상하고 확인합니다.

ⓐ 별 기계에 넣은 수를 6이라고 예상하면

$6 \times 36 = 216$, $216 + 336 = 552$

달 기계에 넣은 수를 1이라고 예상하면

$1 \times 43 = 43$, $43 + 517 = 560$

ⓑ 별 기계에 넣은 수를 9라고 예상하면

$9 \times 36 = 324$, $324 + 336 = 660$

달 기계에 넣은 수를 4라고 예상하면

$4 \times 43 = 172$, $172 + 517 = 689$

ⓒ 별 기계에 넣은 수를 11이라고 예상하면

$11 \times 36 = 396$, $396 + 336 = 732$

달 기계에 넣은 수를 5라고 예상하면

$5 \times 43 = 215$, $215 + 517 = 732$

❷ 별 기계에 넣은 수가 11이고, 달 기계에 넣은 수가 5이면 같은 수 732가 만들어집니다.

[답] 예 별 기계: 11, 달 기계: 5

17

[문제 그리기]

어떤 수: ▲　　▲×▲＝ **2809**

(같은 수)

? : **어떤** 수(▲)

[계획-풀기]

❶ 어떤 수를 두 번 곱한 값 2809의 일의 자리 수가 9이므로 어떤 수의 일의 자리 수는 3 또는 7입니다.

❷ 어떤 수를 두 번 곱한 값이 2809이므로 어떤 수의 십의 자리 숫자는 5입니다.

❸ 어떤 수를 53이라고 예상하면 $53 \times 53 = 2809$이고, 어떤 수를 57이라고 예상하면 $57 \times 57 = 3249$이므로 어떤 수는 53입니다.

[답] 53

18

[문제 그리기]

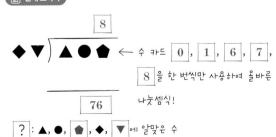

? : ▲, ●, ⬠, ◆, ▼에 알맞은 수

[계획-풀기]

❶ 나누는 수는 나머지인 76보다 커야 합니다.

나누는 수를 78이라고 예상하면 $78 \times 8 = 624$, $624 + 76 = 700$ 이므로 7, 0, 0, 7, 8로 7과 0이 2번씩 있으므로 맞지 않습니다.

나누는 수를 80이라고 예상하면 $80 \times 8 = 640$, $640 + 76 = 716$ 이므로 7, 1, 6, 8, 0으로 조건에 맞습니다.

❷ 올바른 나눗셈식은 $716 \div 80 = 8 \cdots 76$입니다.

[답] 7, 1, 6, 8, 0

19

[문제 그리기]

서로 다른 두 수: ●, ▲

● + ▲ = **60**

● × ▲ = **896**

? : 서로 **다른** 두 수

[계획-풀기]

❶ 일의 자리 수끼리 더하면 일의 자리 수가 0이고 곱하면 일의 자리 수가 6이 되는 경우를 예상하고 확인합니다.

더해서 0인 경우는 $0 + 0 = 0$, $1 + 9 = 10$, $2 + 8 = 10$, $3 + 7 = 10$, $4 + 6 = 10$, $5 + 5 = 10$이고, 이 중에서 곱해서 일의 자리 수가 6인 경우는 $2 \times 8 = 16$이므로 두 수의 일의 자리 수는 각각 2와 8입니다.

❷ 곱하는 경우에는 십의 자리끼리 곱해서 백의 자리 숫자가 8인 것을 생각해야 합니다.

더해서 60이 되어야 하므로 32와 28을 예상하고 곱을 확인합니다.

$28 \times 32 = 896$

따라서 두 수는 28과 32입니다.

[답] 28, 32

20

[문제 그리기]

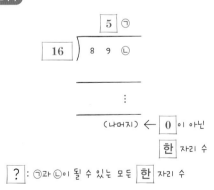

(나머지) ← **0** 이 아닌

한 자리 수

? : ㉠과 ㉡이 될 수 있는 모든 **한** 자리 수

[계획-풀기]

❶ 나머지는 한 자리 수이므로 ㉠=6입니다.

❷ $16 \times 56 = 896$, $896 + (나머지)$이므로 $89㉡ = 896 + (나머지)$에서 (나머지)가 될 수 있는 수는 1, 2, 3입니다.

따라서 ㉡이 될 수 있는 수는 7, 8, 9입니다.

[답] ㉠: 6, ㉡: 7, 8, 9

21

🖼 문제 그리기

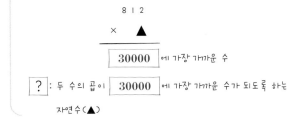

$$8 \ 1 \ 2$$
$$\times \quad \blacktriangle$$

30000 에 가장 가까운 수

? : 두 수의 곱이 30000 에 가장 가까운 수가 되도록 하는

자연수(▲)

🖼 계획-풀기

❶ 812×□에서 □는 두 자리 수이고 십의 자리 숫자를 4로 예상하면 32000이 넘으므로 십의 자리 숫자는 3입니다.

❷ □=35라고 예상하면 812×35=28420
➡ 30000보다 1580만큼 더 작습니다.
□=36이라고 예상하면 812×36=29232
➡ 30000보다 768만큼 더 작습니다.
□=37이라고 예상하면 812×37=30044
➡ 30000보다 44만큼 더 큽니다.
따라서 □ 안에 알맞은 자연수는 37입니다.

🖎 **37**

22

🖼 문제 그리기

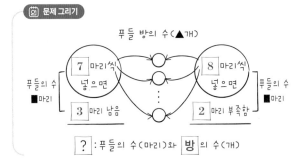

푸들 방의 수(▲개)

7 마리씩 넣으면   8 마리씩 넣으면

푸들의 수 ■마리   푸들의 수 ■마리

3 마리 남음   2 마리 부족함

? : 푸들의 수(마리)와 방 의 수(개)

🖼 계획-풀기

❶ 방의 수를 6개라고 예상하여 푸들을 7마리씩 넣으면
7×6=42, 42+3=45(마리)이고, 8마리씩 넣으면 8×6=48, 48-2=46(마리)로 푸들의 수가 같지 않으므로 누리네 집에 있는 방은 6개가 아닙니다.

❷ 누리네 집에 있는 방이 7개라고 예상하여 푸들을 7마리씩 넣으면 7×7=49, 49+3=52(마리)이고, 8마리씩 넣으면 8×7=56, 56-2=54(마리)로 푸들의 수가 같지 않으므로 누리네 집에 있는 방은 7개가 아닙니다.
누리네 집에 있는 방이 6개라고 예상했을 때보다 푸들의 수에 대한 차이가 더 커지므로 방의 수를 줄여서 예상합니다.
누리네 집에 있는 방이 5개라고 예상하여 푸들을 7마리씩 넣으면 7×5=35, 35+3=38(마리)이고, 8마리씩 넣으면
8×5=40, 40-2=38(마리)로 푸들의 수가 같으므로 누리네 집에 있는 방은 5개입니다.

🖎 **푸들: 38마리, 방: 5개**

23

🖼 문제 그리기

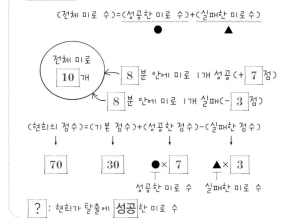

(전체 미로 수)=(성공한 미로 수)+(실패한 미로 수)
● ▲

전체 미로 10 개   8 분 안에 미로 1개 성공(+ 7 점)
8 분 안에 미로 1개 실패(- 3 점)

(현희의 점수)=(기본 점수)+(성공한 점수)-(실패한 점수)

70   30   ●× 7   ▲× 3
성공한 미로 수 실패한 미로 수

? : 현희가 탈출에 성공 한 미로 수

🖼 계획-풀기

❶ 현희가 탈출에 성공한 미로가 5개라고 예상하면 실패한 미로는 5개이므로
(성공한 점수)=5×7=35(점)
(실패한 점수)=5×3=15(점)
탈출에 성공한 미로가 5개이면 30+35-15=50(점)입니다.

❷ 현희가 탈출에 성공한 미로가 6개라고 예상하면
(성공한 점수)=6×7=42(점)
(실패한 점수)=4×3=12(점)
➡ 30+42-12=60(점)
현희가 탈출에 성공한 미로가 7개라고 예상하면
(미로 탈출 성공한 점수)=7×7=49(점)
(미로 탈출 실패한 점수)=3×3=9(점)
➡ 30+49-9=70(점)
따라서 현희가 탈출에 성공한 미로는 7개입니다.

🖎 **7개**

24

🖼 문제 그리기

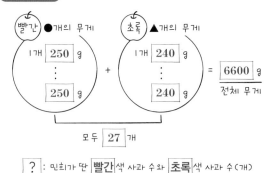

빨간 ●개의 무게   초록 ▲개의 무게

1개 250 g   1개 240 g
250 g   240 g   = 6600 g
전체 무게

모두 27 개

? : 민희가 딴 빨간 색 사과 수와 초록 색 사과 수 (개)

🖼 계획-풀기

❶ 빨간색 사과가 15개라고 예상하면 초록색 사과는 12개이므로
(빨간색 사과의 무게)=250×15=3750 (g)
(초록색 사과의 무게)=240×12=2880 (g)
➡ (빨간색과 초록색 사과의 무게)=3750+2880=6630 (g)

❷ 빨간색 사과가 14개라고 예상하면 초록색 사과는 13개이므로
(빨간색 사과의 무게)＝250×14＝3500 (g)
(초록색 사과의 무게)＝240×13＝3120 (g)
⇨ (빨간색과 초록색 사과의 무게)＝3500＋3120＝6620 (g)
빨간색 사과를 12개라고 예상하면 초록색 사과는 15개이므로
(빨간색 사과의 무게)＝250×12＝3000 (g)
(초록색 사과의 무게)＝240×15＝3600 (g)
⇨ (빨간색과 초록색 사과의 무게)＝3000＋3600＝6600 (g)
따라서 민희가 딴 빨간색 사과는 12개, 초록색 사과는 15개입니다.

답 **빨간색: 12개, 초록색: 15개**

STEP 1 내가 수학하기 **배우기** 표 만들기
37~38쪽

1

📷 문제 그리기

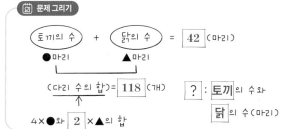

📋 계획-풀기

❶ 토끼와 닭의 수를 모두 더하면 32이고, 다리 수의 합은 108입니다.
→ 42, 118

❷ 가능한 토끼와 닭의 수를 예상합니다. 토끼의 수가 20이면 닭의 수는 22이고, 다리 수의 합은 124이므로 토끼의 수를 더 늘여서 생각합니다.
→ 줄여서

❸

토끼의 수(마리)	19	18	17	16
토끼의 다리 수(개)	76	72	68	64
닭의 수(마리)	23	24	25	26
닭의 다리 수(개)	46	48	50	52
다리 수의 합(개)	122	120	118	116

❹ 따라서 농장에 있는 토끼와 닭의 다리 수의 합이 114인 경우를 찾으면 토끼는 18마리이고 닭은 24마리입니다.
→ 118, 17마리, 25마리

답 **토끼: 17마리, 닭: 25마리**

💡 확인하기

표 만들기 (◯)

2

📷 문제 그리기

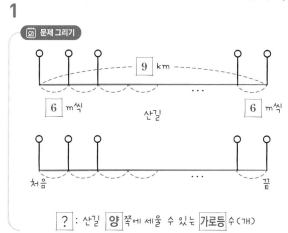

📋 계획-풀기

❶ 현정이와 동생이 만난다는 것은 결국 현정이가 걸어가는 데 걸리는 시간과 동생이 자전거를 타고 가는 데 걸리는 시간이 같다는 것입니다.
→ 현정이가 걸어가는 거리와 동생이 자전거를 타고 가는 거리가

❷
동생이 걸리는 시간(분)	1	2	3	4
동생이 가는 거리(m)	170	340	510	680
현정이가 걸리는 시간(분)	14	15	16	17
현정이가 가는 거리(m)	560	600	640	680

❸ 따라서 동생은 출발한 지 10분 후에 현정이를 만날 수 있습니다.
→ 4분

답 **4분**

💡 확인하기

표 만들기 (◯)

STEP 1 내가 수학하기 **배우기** 단순화하기·규칙 찾기
40~41쪽

1

📷 문제 그리기

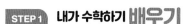

? : 산길 **양** 쪽에 세울 수 있는 **가로등** 수 (개)

9

❶ 산길의 양끝에 가로등이 있을 때 가로등 수와 간격 수의 관계를 작은 수에서 생각하면 <u>가로등 수는 간격 수와 같습니다.</u>

→ 가로등 수는 간격 수보다 1 많습니다.

❷ 답을 구하기 위해서는 산길 <u>한쪽에 있는</u> 가로등의 수만 구하면 됩니다.

→ 양쪽에 있는 가로등 수를 구해야 합니다.

❸ 전체 산길의 길이가 <u>840 m</u>이고 가로등 사이의 간격이 <u>4 m</u>이므로 (간격 수)=840÷4=210(군데)입니다.

→ 9000 m, 6 m, 9000÷6=1500(군데)

❹ 따라서 산길 한쪽에 세울 수 있는 가로등은 210+1=211(개)이므로 양쪽에 세울 수 있는 가로등은 모두 211×2=422(개)입니다.

→ 1500+1=1501(개), 1501×2=3002(개)

📗 **3002개**

💡 확인하기

단순화하기 (◯)

2

🖼 문제 그리기

1899999999 < 자연수 < 48 0000000
                              억   만

18 억 9999 만 9999 < 자연수 < 48 억

? : 1899999999 보다 크고 48 억보다 작은 자연수의 개수

📊 계획-풀기

❶ 주어진 수가 너무 큰 수이므로 작은 수에서 생각하면 12보다 크고 16보다 작은 자연수는 <u>16-12=4(개)</u>입니다.

→ 16-12-1=3(개)입니다.

(그 이유는 16-12=4이지만 '12보다 크고 16보다 작은 자연수'에는 12와 16이 모두 들어가지 않습니다. 그러나 '16-12'에서는 12만을 뺀 것이므로 1을 더 빼 주어서 16도 빼 주어야 합니다.)

❷ 두 수 사이에 있는 자연수의 개수를 뺄셈으로 구할 때는 두 수의 <u>합 16+12=28에 1을 더해 줍니다.</u>

→ 두 수의 차 16-12=4에서 1을 빼 줍니다.

❸ 이 문제에 ❷의 방법을 적용하여 18억 9999만 9999보다 크고 <u>49억</u>보다 작은 자연수의 개수를 구합니다.

→ 48억

❹ 49억에 18억 9999만 9999를 더하면 <u>49억+18억 9999만 9999=67억 9999만 9999</u>입니다.

→ 48억에서, 빼면, 48억-18억 9999만 9999=29억 1

❺ 18억 9999만 9999보다 크고 <u>49억</u>보다 작은 자연수는 모두 <u>67억 9999만 9999+1=68억 (개)</u>입니다.

→ 48억, 29억 1-1=29억 (개)

📗 **29억 개 (또는 2900000000개)**

💡 확인하기

단순화하기 (◯)

1

🖼 문제 그리기

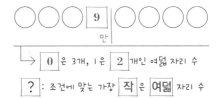

→ 0 은 3개, 1 은 2 개인 여덟 자리 수

? : 조건에 맞는 가장 작 은 여덟 자리 수

📊 계획-풀기

❶ 구하려고 하는 수는 여덟 자리 수이고 가장 큰 수이므로 천만의 자리 숫자와 백만의 자리 숫자가 모두 9입니다.

→ 작은, 천만의 자리 숫자는 1이고 백만의 자리 숫자는 0입니다.

❷ 또한 0을 <u>2개</u>, 1을 <u>3개</u> 사용한 가장 <u>큰</u> 수라는 조건을 적용합니다.

→ 3개, 2개, 작은

❸ ❷에 의하여 가장 <u>큰</u> 수를 만들면

| 9 | 9 | 1 | 9 | 1 | 1 | 0 | 0 |

입니다.

→ 작은

| 1 | 0 | 0 | 9 | 0 | 1 | 2 | 2 |

❹ 따라서 구하려고 하는 여덟 자리 수는 <u>99191100</u>입니다.

→ 10090122

📗 **10090122**

💡 확인하기

문제정보 복합적으로 나타내기 (◯)

2

🖼 문제 그리기

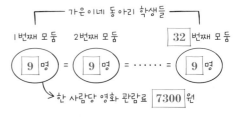

? : 가은이네 동아리 학생의 전체 영화 관람료 (원)

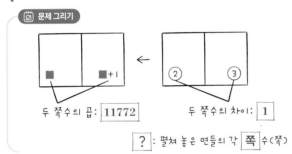

<table>

| 📦 계획-풀기 | | | | | |
|---|---|---|---|---|---|</table>

계획-풀기

① 한 모둠에 9명씩 있고, 모둠이 모두 ~~42~~개 있습니다.

→ 32개

② 가은이네 동아리의 학생은 모두 ~~9×42=378(명)~~입니다.

→ 9×32=288(명)

③ 영화 관람료가 한 사람당 ~~1700원~~이므로 가은이네 동아리 학생의 영화 관람료는 모두 ~~1700×378=642600(원)~~입니다.

→ 7300원, 7300×288=2102400(원)

④ 따라서 가은이네 동아리 학생의 영화 관람료는 모두 ~~642600원~~입니다.

→ 2102400원

답 **2102400원**

확인하기

문제정보 복합적으로 나타내기   (○)

표 만들기
단순화하기·규칙 찾기
문제정보 복합적으로 나타내기

STEP 2 내가 수학하기 해보기

45~56쪽

1

문제 그리기

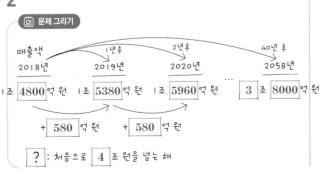

두 쪽수의 곱: **11772**

두 쪽수의 차이: **1**

? : 펼쳐 놓은 면들의 각 **쪽** 수(쪽)

계획-풀기

왼쪽 면의 쪽수(쪽)	102	104	**106**	**108**
오른쪽 면의 쪽수(쪽)	103	105	**107**	**109**
두 쪽수의 곱	10506	10920	**11342**	**11772**

⇨ 서연이가 펼쳐 놓은 면의 두 쪽은 108쪽과 109쪽입니다.

답 **108쪽과 109쪽**

2

문제 그리기

매출액
2018년 — 1년 후 → 2019년 — 2년 후 → 2020년 … 40년 후 → 2058년

|조 **4800** 억 원 → 1조 **5380** 억 원 → 1조 **5960** 억 원 … → 3 조 **8000** 억 원

+ **580** 억 원   + **580** 억 원

? : 처음으로 **4** 조 원을 넘는 해

계획-풀기

해당 연도(년)	2058	2059	2060	2061	2062
매출액 (원)	3조 8000억	3조 8580억	3조 9160억	3조 9740억	4조 320억

⇨ 연 매출액이 처음으로 4조 원을 넘는 해는 2062년입니다.

답 **2062년**

3

문제 그리기

(반소매의 수) − (반바지의 수) = **10** (벌)

1벌: 약 **140** g   1벌: 약 **220** g

(전체 반소매의 무게)＋(전체 반바지의 무게) < **4** kg

? : **반바지**의 수, **반소매**의 수

계획-풀기

반소매의 수(벌)	20	19	18	**17**
반소매의 무게(g)	2800	2660	2520	**2380**
반바지의 수(벌)	10	9	8	**7**
반바지의 무게(g)	2200	1980	1760	**1540**
무게의 합(g)	5000	4640	4280	**3920**

⇨ 여행 가방에 넣을 수 있는 반소매는 17벌, 반바지는 7벌입니다.

답 **반소매: 17벌, 반바지: 7벌**

4

문제 그리기

(500) + (100) ⇒ **6400** 원

(▲개) (●개)

▲개 + ●개 = **20** (개)

? : **500** 원짜리 동전의 수와 **100** 원짜리 동전의 수

동전	동전의 수(개)	금액(원)
(500)	10	5000
(100)	**10**	**1000**
합계	20	**6000**

계획-풀기

500원짜리 동전의 수(개)	8	9	10	11
500원짜리 동전의 금액(원)	4000	4500	5000	5500
100원짜리 동전의 수(개)	12	11	10	9
100원짜리 동전의 금액(원)	1200	1100	1000	900
금액의 합(원)	5200	5600	6000	6400

⇨ 500원짜리 동전 11개와 100원짜리 동전 9개는 모두 6400원입니다.

답 **500원짜리 동전: 11개, 100원짜리 동전: 9개**

5

📖 문제 그리기

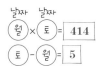

날짜 날짜
(월) × (토) = 414
(토) − (월) = 5

일	월	...	토
	10	...	15
	17	...	22

? : **월**요일과 **토**요일의 날짜

📊 계획-풀기

월요일 날짜(일)	15	16	17	18
토요일 날짜(일)	20	21	22	23
두 요일 날짜의 곱	300	336	374	414

⇨ 두 요일 날짜의 곱이 414인 월요일은 18일이고 토요일은 23일입니다.

🏅 **월요일: 18일, 토요일: 23일**

6

📖 문제 그리기

(10000원 지폐의 수) + (5000원 지폐의 수) = 27 (장)

⇨ 전체 195000 원

? : 10000 원짜리 지폐의 수와 5000 원짜리 지폐의 수(장)

📊 계획-풀기

10000원짜리 지폐의 수(장)	6	8	10	12
10000원짜리 지폐의 금액(원)	60000	80000	100000	120000
5000원짜리 지폐의 수(장)	21	19	17	15
5000원짜리 지폐의 금액(원)	105000	95000	85000	75000
금액의 합(원)	165000	175000	185000	195000

⇨ 저금통 안에 들어 있던 10000원짜리 지폐는 12장, 5000원짜리 지폐는 15장입니다.

🏅 **10000원짜리 지폐: 12장, 5000원짜리 지폐: 15장**

7

📖 문제 그리기

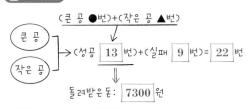

(큰 공 ●번) + (작은 공 ▲번)

큰 공
작은 공
→ (성공 13 번) + (실패 9 번) = 22 번
⇩
돌려받은 돈 : 7300 원

? : 인형 맞히기에 **성공**한 큰 공의 수와 작은 공의 수

8

📊 계획-풀기

인형을 맞힌 큰 공의 수(개)	4	5	6	7
큰 공으로 돌려받은 금액(원)	2800	3500	4200	4900
인형을 맞힌 작은 공의 수(개)	9	8	7	6
작은 공으로 돌려받은 금액(원)	3600	3200	2800	2400
두 공으로 돌려받은 금액의 합(원)	6400	6700	7000	7300

⇨ 인형 맞히기에 성공한 큰 공은 7개, 작은 공은 6개입니다.

🏅 **큰 공: 7개, 작은 공: 6개**

8

📖 문제 그리기

(딸기 맛 젤리 수) − (멜론 맛 젤리 수) = 5

(딸기맛 젤리 수) × (멜론 맛 젤리 수) = 456

? : **딸기** 맛 젤리 수(개)

📊 계획-풀기

딸기 맛 젤리 수(개)	21	22	23	24
멜론 맛 젤리 수(개)	16	17	18	19
두 젤리 수의 곱	336	374	414	456

⇨ 호진이가 산 딸기 맛 젤리는 24개, 멜론 맛 젤리는 19개입니다.

🏅 **24개**

9

📖 문제 그리기

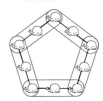

한 변에 돌고래 모양의 돌을 3개씩 놓으면 3 × 5 = 15 (개)

꼭짓점 5개가 겹치므로 필요한 돌고래 모양 돌의 수는

15 − 5 = 10 (개)

? : **오각**형의 한 변에 256 개씩 놓을 때 필요한 돌고래 모양 **돌**의 수

📊 계획-풀기

❶ 한 변에 돌고래 모양의 돌을 256개씩 일정한 간격으로 놓을 때 오각형의 변이 5개이므로 모든 변에 놓을 수 있는 돌고래 모양의 돌은 256 × 5 = 1280(개)입니다.

❷ 꼭짓점 5개에 겹치는 돌고래 모양의 돌 5개를 빼 주면 필요한 돌고래 모양의 돌은 1280 − 5 = 1275(개)입니다.

🏅 **1275개**

10

📷 문제 그리기

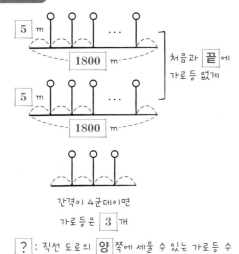

처음과 **끝**에
가로등 없게

간격이 4군데이면
가로등은 **3** 개

? : 직선 도로의 **양** 쪽에 세울 수 있는 가로등 수

🔡 계획-풀기

❶ (간격 수)=1800÷5=360(군데)

❷ (가로등 수)=(간격 수)−1=360−1=359(개)

❸ 직선 도로의 한쪽에 359개씩 양쪽에 세울 수 있는 가로등은
359×2=718(개)입니다.

📍 **718개**

11

📷 문제 그리기

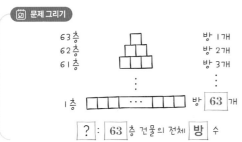

63층
62층
61층
...
1층

방 1개
방 2개
방 3개
...
방 **63** 개

? : **63** 층 건물의 전체 **방** 수

🔡 계획-풀기

❶ 4층 건물: 1+2+3+ **4** =5× **2** = **10** (개)

5층 건물: 1+2+3+ **4** + **5** =5× **3** = **15** (개)

6층 건물: 1+2+3+4+5+6=7× **3** = **21** (개)

❷ ❶에서 4층, 5층, 6층까지 있는 건물의 방 수를 구하는 방법과
같이 63층까지 있는 건물의 방 수는 1부터 63까지 수의 합과 같
습니다. 1과 62를 더하고, 2와 61, 3과 60을 더하는 방법으로 합
을 구하면 63이 남습니다.

1+2+3+⋯+60+61+62+63

1과 62의 합과 같은 수는 62÷2=31(개) 있고, 63이 1개 더 있
으므로 1부터 63까지 수의 합은 63×32=2016입니다.
따라서 건물에 있는 방은 2016개입니다.

📍 **2016개**

12

📷 문제 그리기

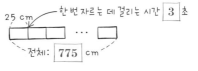

한 번 자르는 데 걸리는 시간 **3** 초

25 cm

전체 **775** cm

? : 길이가 **775** cm인 끈을 **25** cm씩 자르는 데 걸리는
시간(몇 분 몇 초)

🔡 계획-풀기

❶ 길이가 775 cm인 끈을 25 cm씩 자르면 775÷25=31(도막)
입니다.
31도막이 나오게 하려면 31−1=30(번) 잘라야 합니다.

❷ 끈을 한 번 자를 때마다 3초 걸리므로 끈을 모두 자르는 데 걸리
는 시간은 30×3=90(초) ⇨ 1분 30초입니다.

📍 **1분 30초**

13

📷 문제 그리기

순서	1	2	3	4	5	...
놓는 위치		왼쪽	**위**쪽	오른쪽	**왼**쪽	...
색깔	파랑	**빨강**	빨강	**파랑**	빨강	...

? : **8** 번째 모양

🔡 계획-풀기

❶ 1번째 사진부터 6번째 사진까지 어떤 색 벽돌이 어느 위치에 놓
이는지 먼저 확인하면서 규칙을 찾습니다. 1번째 사진에서 파란
색 벽돌이 한 개 있고, 2번째 사진에서 파란색 벽돌 왼쪽에 빨간
색 벽돌이 놓여 있습니다. 3번째 사진에서는 2번째 모양의 파란
색 벽돌 위에 빨간색 벽돌이 놓여 있고, 4번째 사진에서는 3번째
모양의 파란색 벽돌 오른쪽에 파란색 벽돌이 놓여 있습니다. 벽
돌이 왼쪽, 위쪽, 오른쪽에 놓이는 과정이 반복되면서 왼쪽과 위
쪽에 놓이는 벽돌은 빨간색이고 오른쪽에 놓이는 벽돌은 파란색
입니다.
위치 규칙: 파란색 벽돌을 중심으로 벽돌이 왼쪽, 위쪽, 오른쪽
에 반복되면서 놓이는 규칙입니다.
색깔 규칙: 벽돌이 왼쪽과 위쪽은 빨간색이고, 오른쪽은 파란색
이 반복되는 규칙입니다.

❷ 규칙에 따라 7번째, 8번째 사진의 벽돌 모양을 알아보면

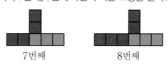

7번째   8번째

📍

14

📷 문제 그리기

요술 지팡이 (번)	1	2	3	4	⋯	19
꽃 (송이)	1	1+ 3 ‖ 4	1+ 3 + 5 ‖ 9	1+ 3 + 5 + 7 ‖ 16	⋯	▲

？ : 땅을 19 번 쳤을 때 핀 꽃 의 수

📋 계획-풀기

요술 지팡이로 땅을 1번 칠 때부터 땅을 치는 횟수가 늘어날 때마다 꽃의 수가 홀수로 하나씩 더해지고 그 합은 요술 지팡이로 땅을 친 횟수를 2번 곱한 것과 같습니다.

1번: $1 → 1×1$
2번: $1+3=4 → 2×2$
3번: $1+3+5=9 → 3×3$
4번: $1+3+5+7=16 → 4×4$
⇨ (전체 꽃의 수)=(땅을 친 횟수)×(땅을 친 횟수)
요술 지팡이로 땅을 19번 쳤을 때 핀 꽃은 모두 $19×19=361$(송이)입니다.

답 **361송이**

15

📷 문제 그리기

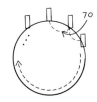

전체 둘레 4200 m : 420000 cm

？ : 필요한 휴지통 수

📋 계획-풀기

❶ 둘레가 4200 m인 원 모양의 광장 둘레에 70 cm 간격이 몇 번 들어가는지 단위를 cm로 통일하여 나눗셈식으로 구합니다.
(간격 수)=$420000÷70=6000$(군데)

❷ 휴지통 사이의 간격 수와 휴지통 수가 같으므로 휴지통은 6000개 필요합니다.

답 **6000개**

16

📷 문제 그리기

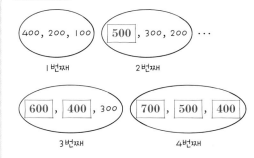

？ : 30 번째 무리에 있는 우주 생물들의 무게

📋 계획-풀기

❶ 1번째, 2번째, 3번째 무리에서 가장 무거운 우주 생물의 무게는 각각 400, 500, 600입니다.

❷ 400부터 100씩 커지는 규칙이므로 30번째 무리에서 가장 무거운 우주 생물의 무게는 $30×100=3000$, $3000+300=3300$이고 그다음 우주 생물들의 무게는 가장 무거운 우주 생물보다 각각 200, 300 가벼우므로 3100, 3000입니다.
따라서 30번째 무리에 있는 우주 생물들의 무게는 3300, 3100, 3000입니다.

답 **3300, 3100, 3000**

17

📷 문제 그리기

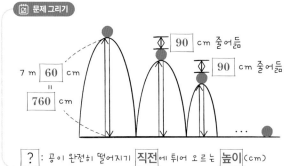

？ : 공이 완전히 떨어지기 직전 에 튀어 오르는 높이 (cm)

📋 계획-풀기

❶ 7 m 60 cm=760 cm에서 계속 90 cm씩 줄어들므로 나눗셈식을 세워 공이 완전히 떨어지기 직전에 땅에서부터의 높이를 구할 수 있습니다.
$760÷90=8⋯40$

❷ 공이 땅에 8번째 떨어지고 40 cm 튀어 오르고 완전히 떨어집니다.

답 **40 cm**

18

📷 문제 그리기

올해(kg)	작년(kg)
514000000	581000000
↓	↓
●	▲

？ : 올해 쌀 생산량 수와 작년 쌀 판매량 수에서 1 이 나타내는 수의 차

❶ 올해 쌀 판매량 514000000 kg에서 '1'이 나타내는 수는
10000000이고, 작년 쌀 판매량 581000000 kg에서 '1'이 나타
내는 수는 1000000입니다.

❷ 10000000−1000000=9000000
따라서 올해 쌀 판매량 수에서 '1'과 작년 쌀 판매량 수에서 '1'
이 나타내는 수의 차는 9000000입니다.

답 **9000000 (또는 900만)**

19

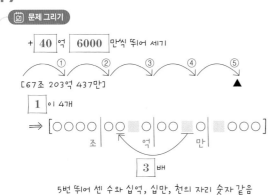

? : 조건을 모두 만족하는 가장 **큰** **16** 자리 수

❶ 가장 큰 16자리 수는 67조 203억 437만에서 40억 6000만씩 커
지도록 5번 뛰어 센 수와 십억의 자리 숫자, 십만의 자리 숫자,
천의 자리 숫자가 같으므로 뛰어 세기를 하면
67조 203억 437만−67조 243억 6437만−67조 284억 2437
만 −67조 324억 8437만−67조 365억 4437만−67조 406억
437만
가장 큰 16자리 수의 십억의 자리 숫자, 십만의 자리 숫자, 천의
자리 숫자는

십만의 자리 숫자는 3이고, 3의 3배인 9가 백억의 자리 숫자가
됩니다.

1이 4개이므로 일, 십, 백, 만의 자리 숫자는 1이고, 가장 큰 수이
므로 나머지 자리의 숫자들은 모두 9입니다.

따라서 조건을 모두 만족하는 가장 큰 16자리 수는
9999990999310111입니다.

답 **9999990999310111**
(또는 9999조 9909억 9931만 111)

20

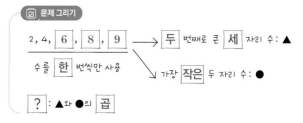

❶ 2, 4, 6, 8, 9를 한 번씩만 사용하여 만들 수 있는 가장 큰 세 자리
수는 986이므로 두 번째로 큰 세 자리 수는 984이고, 가장 작은
두 자리 수는 24입니다.

❷ 984×24=23616

답 **23616**

21

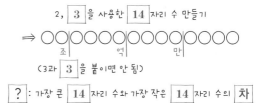

❶ 가장 큰 14자리 수: 32323232323232
가장 작은 14자리 수: 22222222222222

❷ 32323232323232−22222222222222=10101010101010

답 **10101010101010**

22

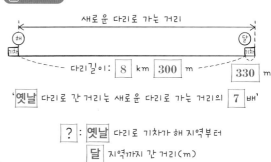

❶ 새로운 다리 길이의 단위를 m로 바꾸면 8 km 300 m=8300 m
이고, 새로운 다리로 기차가 가는 거리는 다리 길이와 기차 길이
의 합과 같으므로
(새로운 다리로 가는 거리)=(다리 길이)+(기차 길이)
=8300+330=8630 (m)

❷ 옛날 다리로 기차가 해 지역부터 달 지역까지 간 거리는 새로운
다리로 가는 거리의 7배이므로
(옛날 다리로 기차가 간 거리)=8630×7=60410 (m)

답 **60410 m**

23

문제 그리기

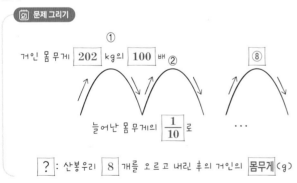

96 개

96 개 96 개

육각 형의 꼭짓점은 6 개

각 돌에 써 놓은
수: 100000000001

96 개 96 개

96 개

? : 육각형 모양 정원에 놓인 돌들에 써 놓은 수의 **합**

계획-풀기

❶ 육각형의 각 변마다 돌을 96개씩 놓고 꼭짓점이 6개이므로
$96 \times 6 = 576$, $576 - 6 = 570$(개)입니다.
꼭짓점마다 돌을 1개씩 정원 안쪽에 놓으므로 6개를 더하면
$570 + 6 = 576$(개)입니다.

❷ 돌 하나에 써 놓은 수가 100000000001이고, 돌이 모두 576개
이므로 돌들에 써 놓은 수의 합은
$100000000001 \times 576 = 57600000000576$입니다.

답 57600000000576 (또는 57조 6000억 576)

24

문제 그리기

① 거인 몸무게 202 kg의 100 배 ② ⑧

늘어난 몸무게의 $\dfrac{1}{10}$ 로 ...

? : 산봉우리 8 개를 오르고 내린 후의 거인의 **몸무게**(g)

계획-풀기

❶ 산봉우리 한 개를 올라가고 내려올 때 몸무게는 올라가면
(원래 몸무게)×100이고, 다시 내려오면 (원래 몸무게)×100의
$\dfrac{1}{10}$ 은 (원래 몸무게)×10이므로 원래 몸무게의 10배입니다.
산봉우리 8개를 모두 올라가고 내려올 때 몸무게는 원래 몸무게
의 100000000배입니다.

❷ 거인의 몸무게는 202 kg=202000 g이므로 거인이 산봉우리 8
개를 모두 올라가고 내려올 때 몸무게는
$202000 \times 100000000 = 20200000000000$ (g)

답 20200000000000 g (또는 20조 2000억 g)

1

문제 그리기

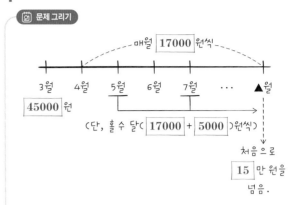

매월 17000 원씩

3월 4월 5월 6월 7월 ... ▲월

45000 원

〈단, 홀수 달〈 17000 + 5000)원씩〉

처음으로
15 만 원을
넘음.

? : 처음으로 모은 전체 금액이 15 만 원을 넘는 달(▲월)

계획-풀기

3월까지 받은 용돈으로 모은 돈이 45000원이므로 4월부터 모아서
전체 금액이 15만 원을 처음으로 넘는 달은
$150000 - 45000 = 105000$(원)이 넘어야 합니다.
짝수 달과 홀수 달의 2달 동안 모은 돈은
$17000 + 17000 + 5000 = 39000$(원)이므로
4달 동안 모은 돈: $39000 \times 2 = 78000$(원)
5달 동안 모은 돈: $78000 + 17000 = 95000$(원)
6달 동안 모은 돈: $39000 \times 3 = 117000$(원)
따라서 4월부터 6달 동안 모으면 되므로 전체 금액이 15만 원을 처
음으로 넘는 달은 9월입니다.

답 9월

2

문제 그리기

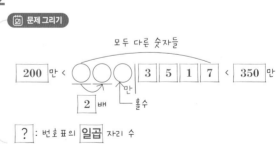

모두 다른 숫자들

200 만 〈 ○○○ 3 5 1 7 〈 350 만

2 배 만 홀수

? : 번호표의 **일곱** 자리 수

계획-풀기

200만보다 크고 350만보다 작은 수이므로 백만의 자리 숫자는 2 또
는 3입니다.
백만의 자리 숫자가 2이면 십만의 자리 숫자는 4이므로 조건에 맞습
니다.
백만의 자리 숫자가 3이면 십만의 자리 숫자는 6이므로 350만보다
작지 않아서 조건에 맞지 않습니다.
만의 자리 숫자는 홀수이고, 같은 숫자는 없으므로 9입니다.
따라서 찢어진 번호표의 일곱 자리 수는 2493517입니다.

답 2493517

3

📷 문제 그리기

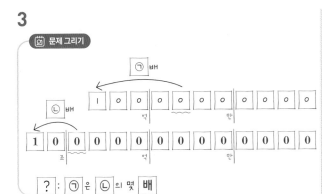

? : ㉠은 ㉡의 몇 **배**

📷 계획-풀기

100억(10000000000)은 100만(1000000)보다 0이 4개 더 많으므로 10000배입니다. ⇨ ㉠=10000

10조(10000000000000)는 1000억(100000000000)보다 0이 2개 더 많으므로 100배입니다. ⇨ ㉡=100

따라서 ㉠은 ㉡의 100배입니다.

답 **100배**

4

📷 문제 그리기

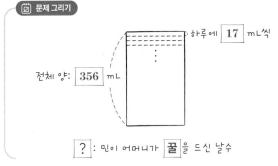

```
    3 ◯ 7
  ×   ◯ 4
  ─────────
    1 ◯ 2 8
  2 ◯ 4 2
  ─────────
  2 2 ◯ 4 8
```

? : 빈칸에 알맞은 **수**

📷 계획-풀기

```
      3 ㉠ 7
  ×     ㉡ ㉢
  ─────────────
      1 ㉣ 2 8
  2 ㉤ 4 ㉥
  ─────────────
  2 2 ㉦ 4 8
```

7×㉢=■8에서 7×4=28 ⇨ ㉢=4

1㉣28+2㉤4㉥0=22㉦48에서 2+㉥=4 ⇨ ㉥=2

7×㉡=■2에서 7×6=42 ⇨ ㉡=6

3㉠7×6=2㉤42에서 357×6=2142 ⇨ ㉠=5, ㉤=1

357×4=1㉣28에서 357×4=1428 ⇨ ㉣=4

1428+21420=22㉦48에서 1428+21420=22848 ⇨ ㉦=8

답 (위에서부터) **5, 6, 4, 4, 1, 2, 8**

5

📷 문제 그리기

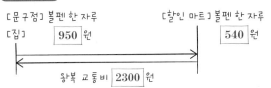

? : 민이 어머니가 **꿀**을 드신 날수

📷 계획-풀기

356÷17=20…16이므로 민이 어머니는 꿀을 매일 하루에

17 mL씩 20일 동안 드시고 남은 16 mL로 하루 더 드실 수 있습니다.

따라서 민이 어머니가 꿀을 20+1=21(일) 동안 남김없이 다 드신 것입니다.

답 **20일**

6

📷 문제 그리기

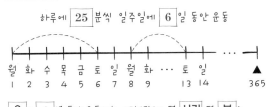

? : 할인 마트에서 문구점보다 더 **싸게** 사기 위한 **최소** 볼펜 수(자루)

📷 계획-풀기

문구점과 할인 마트에서 산 볼펜 수에 따라 금액이 어떻게 달라지는지 비교해야 하므로 표를 만들면

볼펜 수(자루)	3	4	5	6
문구점에서 사는 볼펜 금액(원)	2850	3800	4750	5700
왕복 교통비와 할인 마트에서 사는 볼펜 금액(원)	3920	4460	5000	5540

⇨ 할인 마트에서 문구점보다 볼펜을 더 싸게 사려면 볼펜을 최소 6자루 사야 합니다.

답 **6자루**

7

📷 문제 그리기

하루에 **25** 분씩 일주일에 **6** 일 동안 운동

```
  월 화 수 목 금 토 일 월 화 … 토 일      ▲
  1 2 3 4 5 6 7 8 9   13 14      365
```

? : **1** 년 동안 운동하는 시간(단위: 몇 **시간** 몇 **분**)

📋 계획-풀기

(1주일 동안 운동하는 시간)$=25 \times 6 = 150$(분)

$365 \div 7 = 52 \cdots 1$이므로 오늘부터 시작한 1주일은 앞으로 1년 동안 52번 반복하고 남은 1일도 월요일이기 때문에 25분을 더하면 $150 \times 52 = 7800$(분), $7800 + 25 = 7825$(분)입니다.

따라서 하진이가 1년 동안 운동하는 시간은 모두 130시간 25분입니다.

답 **130시간 25분**

8

🖼 문제 그리기

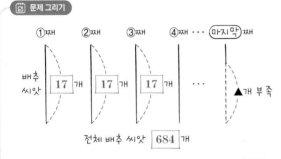

?: 마지막 줄에도 똑같이 심기 위해 더 필요한 배추 씨앗 수

📋 계획-풀기

$684 \div 17 = 40 \cdots 4$이므로 배추 씨앗을 한 줄에 17개씩 40줄 심고 4개가 남습니다.

마지막 줄에 남은 배추 씨앗 4개를 심고 더 필요한 배추 씨앗은 $17 - 4 = 13$(개)입니다.

답 **13개**

9

🖼 문제 그리기

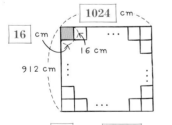

?: 한 변의 길이가 16 cm인 정사각형 모양의 종이 수

📋 계획-풀기

1024 cm인 한 변에 만들 수 있는 정사각형 모양의 종이 수는
$1024 \div 16 = 64$(장)

912 cm인 한 변에 만들 수 있는 정사각형 모양의 종이 수는
$912 \div 16 = 57$(장)

⇨ 만들 수 있는 정사각형 모양의 종이 수는 $64 \times 57 = 3648$(장)

답 **3648장**

10

🖼 문제 그리기

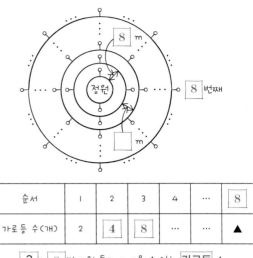

순서	1	2	3	4	…	8
가로 등 수(개)	2	4	8	…	…	▲

?: 8 번째 원 둘레에 세울 수 있는 가로등 수

📋 계획-풀기

1번째 원 둘레 가로등 수: 2개

2번째 원 둘레 가로등 수: $2 \times 2 = 4$(개)

3번째 원 둘레 가로등 수: $2 \times 2 \times 2 = 8$(개)

…

8번째 원 둘레 가로등 수: $2 \times 2 \times 2 \times 2 \times 2 \times 2 \times 2 \times 2 = 256$(개)

답 **256개**

11

🖼 문제 그리기

0부터 9 까지의 숫자 중 7 개의 숫자를 두 번씩 사용

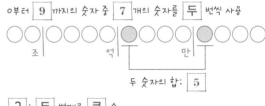

두 숫자의 합: 5

?: 두 번째로 큰 수

📋 계획-풀기

천만의 자리 숫자와 천의 자리 숫자의 합이 5인 가장 큰 수를 만들 수 있는 경우는 5와 0이므로 가장 큰 14자리 수는

99887756650440입니다.

따라서 두 번째로 큰 14자리 수는 99887756650404입니다.

답 **99887756650404**

12

🖼 문제 그리기

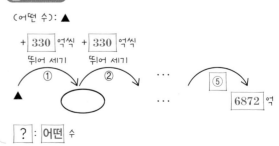

?: 어떤 수

계획-풀기

6872억에서 330억씩 작아지게 5번 뛰어 센 수가 어떤 수이므로
6872억 − 6542억 − 6212억 − 5882억 − 5552억 − 5222억
[다른 풀이] 어떤 수에 330억을 5번 더한 수가 6872억이므로 곱과
차를 이용하여 어떤 수를 구할 수도 있습니다.
330억×5＝1650억, (어떤 수)＝6872억−1650억＝5222억

답 **5222억**

13

문제 그리기

바르게 계산: 967 ×(어떤 수)

잘못한 계산: 967 ÷(어떤 수)＝19…17

? : 바르게 계산한 값

계획-풀기

967÷(어떤 수)＝19…17에서 967−17＝950, 950÷19＝50이
므로 (어떤 수)＝50입니다.
따라서 바르게 계산하면 967×50＝48350입니다.

답 **48350**

14

문제 그리기

989 < 13 ×▲

? : ▲에 들어갈 수 있는 가장 작은 자연수

계획-풀기

□ 안에 들어갈 수 있는 가장 작은 두 자리 자연수의 십의 자리 숫자
를 예상하면 13×70＝910, 13×80＝1040이므로 가장 작은 두
자리 수의 십의 자리 숫자는 7입니다.
□＝74일 때 13×74＝962 ＜ 989
□＝75일 때 13×75＝975 ＜ 989
□＝76일 때 13×76＝988 ＜ 989
□＝77일 때 13×77＝1001 ＞ 989
따라서 □ 안에 들어갈 수 있는 가장 작은 자연수는 77입니다.

답 **77**

15

문제 그리기

(1, 2, 3, 4, 5, 6, 7, 8 , 9)가 쓰여 있는 수 카드 중에서
6 장을 한 번씩만 사용하여
식 ○○○×○−○○ 만들어 계산하기
? : 계산 결과가 가장 큰 값과 가장 작은 값의 합

계획-풀기

계산 결과가 가장 큰 값이려면 (세 자리 수)×(한 자리 수)의 값을 가
장 크게 하고 가장 작은 두 자리 수를 빼야 하므로
876×9＝7884, 7884−12＝7872이고,
계산 결과가 가장 작은 값이려면 (세 자리 수)×(한 자리 수)의 값을
가장 작게 하고 가장 큰 두 자리 수를 빼야 하므로
234×1＝234, 234−98＝136입니다.
따라서 계산 결과가 가장 큰 값과 가장 작은 값의 합은
7872＋136＝8008입니다.

답 **8008**

16

문제 그리기

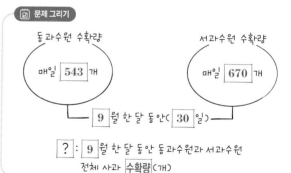

동과수원 수확량 매일 543 개

서과수원 수확량 매일 670 개

9 월 한 달 동안(30 일)

? : 9 월 한 달 동안 동과수원과 서과수원
전체 사과 수확량(개)

계획-풀기

9월은 30일이므로 9월 한 달 동안 동과수원에서 수확한 사과는
670×30＝20100(개)이고 서과수원에서 수확한 사과는
543×30＝16290(개)입니다.
따라서 두 과수원에서 수확한 사과는 모두
20100＋16290＝36390(개)입니다.
[다른 풀이] 두 과수원에서 하루에 수확하는 사과는
670＋543＝1213(개)이고
9월은 30일이므로 9월 한 달 동안 두 과수원에서 수확한 사과는 모
두 1213×30＝36390(개)입니다.

답 **36390개**

1

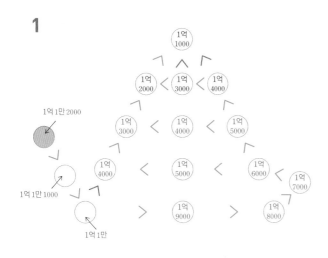

🅐 **1억 1만 2000 (또는 100012000)**

2 단순화하는 전략을 사용하여 연속하는 자연수의 가운데 수를 구하는 방법을 생각합니다. 연속하는 자연수 1, 2, 3, 4, 5의 합 $1+2+3+4+5=15$에서 가운데 수인 3은 $15÷5=3$으로 구할 수 있습니다.

이와 같은 방법으로 생각하면 연속하는 자연수 5개의 가운데 수는 5억 5000만 $515÷5=1$억 1000만 103이고, 가장 큰 수는 1억 1000만 103보다 2만큼 더 큰 수이므로 1억 1000만 105입니다.

🅐 **1억 1000만 105 (또는 110000105)**

3 주어진 모양은 연속하는 네 자리 수 4개이므로 천의 자리 숫자가 모두 9이며, 백의 자리 숫자와 십의 자리 숫자가 두 번째, 세 번째, 네 번째 모양은 같고 첫 번째 모양만 다릅니다. 첫 수는 일의 자리 숫자와 십의 자리 숫자가 같고, 두 번째 모양부터 바뀌므로 9 ⬟ 99, 9 ◆ 00, 9 ⬠ 01, 9 ▲ 02입니다.

▼ 모양은 9, ◆ 모양은 0, ⬠ 모양은 1, ⬤ 모양은 2를 나타냅니다.

따라서 주어진 모양이 나타내는 수는 9199, 9200, 9201, 9202입니다.

🅐 **9199, 9200, 9201, 9202**

4 맨 위에 있는 칸에서 🫙 2개의 간장 양이 1560 mL이므로

🫙 1개의 간장 양은 $1560÷2=780$ (mL)입니다.

중간에 있는 칸과 맨 아래에 있는 칸의 유리병에 들어 있는 간장 양은 1560 mL로 같으므로 두 칸에서 같은 양의 간장 유리병들을 묶으면 남는 🍶 1개의 간장 양과 🧪 2개의 간장 양은 같습니다.

중간에 있는 칸에서 🍶을 🧪🧪으로 바꾸면 🧪이 8개 있는 것이고 간장 양은 1560 mL이므로

🧪 1개의 간장 양은 $1560÷8=195$ (mL)이고

🍶 1개의 간장 양은 $195×2=390$ (mL)입니다.

🅐 **195 mL, 390 mL, 780 mL**

1 앞앞앞앞앞 앞앞앞앞앞 → 뒤뒤뒤뒤뒤 앞앞앞앞앞 → 뒤뒤뒤뒤뒤 뒤뒤뒤뒤뒤

　1분 30초　　　1분 30초　　　1분 30초

⇨ 1분 30초＋1분 30초＋1분 30초＝4분 30초

🅐 **4분 30초**

2 포스터 그리기(30분)
↓
발표문 쓰기(40분) ┐
↓ 　　　　　　포스터물감 말리기(80분)
수학 숙제하기(40분) ┘
↓
포스터를 두꺼운 도화지에 붙이기(10분)

⇨ 발표문 쓰기(40분)와 수학 숙제 하기(40분)는 포스터물감 말리기(80분)하는 동안 할 수 있으므로 걸리는 시간은 $30+40+40+10=120$(분)입니다.

🅐 **120분**

3 공책 값: $(780×5)$원 → $800×5=4000$(원)
연필 값: $(1480×2)$원 → $1500×2=3000$(원)
지우개 값: 980원 → 1000원
⇨ $4000+3000+1000=8000$(원)

따라서 민영이가 문구점에 8천 원을 가지고 가야 거스름돈이 가장 적습니다.

🅐 **8천 원 (또는 8000원)**

PART 2

도형과 측정

각도, 평면도형의 이동

개념 떠올리기 72~74쪽

1 각도기의 중심을 각의 꼭짓점에 맞추기 ➡ 각도기의 밑금을 각의 한 변에 맞추기 ➡ 각의 나머지 변이 각도기의 눈금과 만나는 부분 읽기

답 2, 1, 3

2 자를 이용하여 각의 한 변인 ㄴㄷ을 그리기

↓

각도기의 중심과 점 ㄴ을 맞추고, 각도기의 밑금과 각의 한 변인 ㄴㄷ을 맞추기

↓

각도기의 밑금에서 시작하여 각도가 □°가 되는 눈금에 점 ㄱ을 표시하기

↓

각도기를 떼고, 자를 이용하여 변 ㄱㄴ을 그어 각도가 □°인 각 ㄱㄴㄷ을 완성하기

답 2, 3, 1, 4

3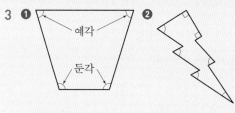

예각: 2개

둔각: 2개

예각: 5개

직각: 2개

답 ❶ 2개, 2개, 0개 ❷ 5개, 0개, 2개

4 삼각형의 세 각의 크기의 합은 $180°$이고, 사각형의 네 각의 크기의 합은 $360°$이므로

㉠$=180°-90°-35°=55°$

㉡$=360°-79°-101°-79°=101°$

㉢$+$㉣$=360°-82°-82°=196°$

㉤$+$㉥$=180°-36°=144°$

답 $55°, 101°, 196°, 144°$

5 카드를 오른쪽으로 밀었을 때의 모양은 변화가 없습니다.

답

6 ❶ 주어진 모양을 왼쪽 또는 오른쪽으로 뒤집었을 때의 모양은 변화가 없습니다.

❷ 주어진 모양을 위쪽 또는 아래쪽으로 뒤집었을 때의 모양은 위쪽과 아래쪽이 서로 바뀝니다.

답 ❶ ㉠, ㉡ ❷ ㉢, ㉣

7 도형을 시계 방향으로 $90°$만큼 4번 돌렸을 때의 도형은 처음 도형과 같으므로 8번, 12번, 16번 돌렸을 때의 도형도 처음 도형과 같습니다. 도형을 시계 방향으로 $90°$만큼 17번 돌렸을 때의 도형은 시계 방향으로 1번 돌렸을 때의 도형과 같습니다. 도형을 시계 반대 방향으로 $180°$만큼 2번 돌렸을 때의 도형은 처음 도형과 같으므로 도형을 시계 반대 방향으로 $180°$만큼 3번 돌렸을 때의 도형은 시계 반대 방향으로 1번 돌렸을 때의 도형과 같으며 밀었을 때의 도형은 변화가 없습니다.

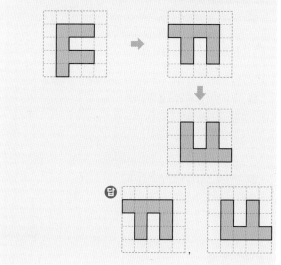

STEP 1 내가 수학하기 배우기 식 세우기

76~77쪽

1

📐 문제 그리기

$32°$ 삼각형 ㉠

★ $45°$

? : ㉠의 각도

🧩 계획-풀기

❶ 한 직선이 이루는 각도는 $180°$이므로

★$=180°-$ 45 $=$ 135 입니다.

❷ 삼각형의 세 각의 크기의 합은 <u>$180°$</u>임을 이용하여 식을 세워 풀면

$32°+135°+$㉠$=$<u>$180°$</u>

$167°+$㉠$=$<u>$180°$</u>

㉠$=$<u>$180°$</u>$-167°=$<u>$13°$</u>

→ $180°, 180°, 180°, 180°, 13°$

❸ 따라서 ㉠의 각도는 <u>$13°$</u>입니다.

→ $13°$

답 $13°$

2

📷 문제 그리기

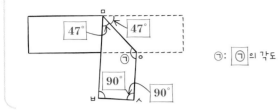

㉠： ㉠ 의 각도

📦 계획-풀기

❶ 띠종이를 접어서 만들어진 사각형 ㅁㅂㅅㅇ의 네 각의 크기의
합은 420°임을 이용하여 식을 세우면
$$90° + 90° + 38° + ㉠ = 420°$$

→ 360°, 47°, 360°

❷ 이 식에서 ㉠의 각도를 구하면
$$218° + ㉠ = 420°$$
$$㉠ = 420° - 218° = 202°$$

→ 227°, 360°, 360°, 227°, 133°

❸ 따라서 ㉠의 각도는 202°입니다.

→ 133°

📝 **133°**

💡 확인하기

식 세우기　　　（ ◯ ）

STEP 1 내가 수학하기 **배우기** 문제정보 복합적으로 나타내기

79~80쪽

1

📷 문제 그리기

출발 해야 하는 시각　　　약속 한 시각

? ： 출발해야 하는 시각과 약속한 시각 중 두 시곗바늘의 작은
쪽의 각이 둔각 인 것

📦 계획-풀기

❶ 둔각은 각도가 0°보다 크고 직각보다 작은 각입니다.

→ 직각, 180°

❷ 따라서 시계의 긴바늘과 짧은바늘이 이루는 작은 쪽의 각 중에
서 각이 예각인 것은 약속한 시각이고, 둔각인 것은 출발해야 하
는 시각입니다.

→ 출발해야 하는 시각, 약속한 시각

📝 **약속한 시각**

2

📷 문제 그리기

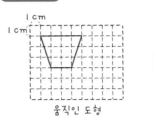

움직인 도형

? ： 처음 도형

📦 계획-풀기

❶ 거꾸로 움직이기 위해서 움직
인 도형을 오른쪽으로

3 cm, 아래쪽으로

2 cm 밀기를 합니다.

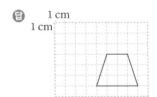

밀기 전의 도형

❷ 도형을 2번 뒤집은 도형은 원
래 도형과 같으므로 도형을 3번 뒤집은 도형도 원래 도형과 같습
니다.

→ 도형을 3번 뒤집었은 도형은 도형을 1번 뒤집은 도형

❸ 따라서 아래쪽으로 7번 뒤집었기 전의 도형은 원래 도형과 같습
니다.

→ 위쪽으로 1번 뒤집었을 때의 도형

❹ 처음 도형을 그립니다.

📝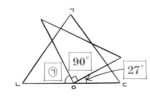

💡 확인하기

문제정보 복합적으로 나타내기　　　（ ◯ ）

STEP 2 내가 수학하기 **해보기** 식 세우기,
문제정보 복합적으로 나타내기

81~88쪽

1

📷 문제 그리기

? ： ㉠ 의 각도

❶ 삼각형 ㄱㄴㄷ의 한 변인 각 ㄴㅇㄷ의 크기는 180°입니다.

❷ ㉠＋90°＋27°＝180°, ㉠＋117°＝180°

㉠＝180°－117°＝63°

📝 **63°**

2

📷 문제 그리기

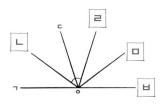

직선을 크기가 같은 각 5 개로 나누었습니다.

? : 각 ㄴㅇㄹ 의 크기

📋 계획-풀기

❶ 각 ㄱㅇㅂ의 크기는 180°이고, 직선을 크기가 같은 각 5개로 나누면 가장 작은 각 한 개의 각도는 180°÷5＝36°입니다.

❷ 각 ㄴㅇㄹ의 크기는 직선을 크기가 같은 각 5개로 나눈 것 중의 2개이므로 36°×2＝72°입니다.

📝 **72°**

3

📷 문제 그리기

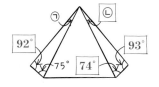

삼각형의 세 각의 크기의 합: 180°

? : ㉠과 ㉡ 의 각도의 합

📋 계획-풀기

❶ 삼각형의 세 각의 크기의 합은 180°이고, 오각형은 삼각형 3개로 나눌 수 있으므로 오각형의 다섯 각의 크기의 합은 180°×3＝540°입니다.

❷ 식을 세우면 ㉠＋92°＋75°＋180°＋㉡＋74°＋93°＝540°이므로 ㉠＋㉡＋514°＝540°, ㉠＋㉡＝540°－514°＝26°

📝 **26°**

4

📷 문제 그리기

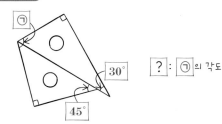

30°

45°

? : ㉠ 의 각도

📋 계획-풀기

❶ 삼각형 세 각의 크기의 합은 180°이므로 두 삼각형의 여섯 각의 크기의 합은 180°×2＝360°입니다.

❷ 식을 세우면 ㉠＋90°＋45°＋30°＋90°＝360°이므로 ㉠＋255°＝360°, ㉠＝360°－255°＝105°

📝 **105°**

5

📷 문제 그리기

주어진 수 카드 5장 5 , 9 , 0 , 1 , 8 중에서 4 장을 뽑아 가장 큰 네 자리 수를 만들고 그 수를 시계 방향으로 180 °만큼 돌리기

? : 돌리기 한 수와 처음 만든 수의 차

📋 계획-풀기

❶ 수의 크기를 비교하면 9＞8＞5＞1＞0이므로 만들 수 있는 가장 큰 네 자리 수는 9851입니다.

❷ 만든 가장 큰 네 자리 수를 시계 방향으로 180°만큼 돌렸을 때의 수는 1586입니다.

❸ 9851－1586＝8265

📝 **8265**

6

📷 문제 그리기

나온 시각   도착한 시각

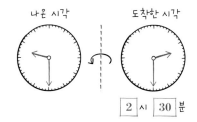

2 시 30 분

? : 수영이가 할아버지 댁에 있었던 시간(단위: 시간)

📋 계획-풀기

❶ 수영이가 할아버지 댁에 도착한 시각은 2시 30분이고, 이 시각을 왼쪽에 있는 거울에 비추었을 때 보이는 시각은 왼쪽으로 뒤집었을 때의 시각이므로 수영이가 할아버지 댁에서 나온 시각은 9시 30분입니다.

❷ (수영이가 할아버지 댁에 있었던 시간)
＝(나온 시각)－(도착한 시각)
＝9시 30분－2시 30분＝7시간

📝 **7시간**

7

📷 문제 그리기

바르게 계산: 921 －(어떤 수)

잘못한 계산: (시계 반대 방향으로 180 만큼 돌렸을 때의 수)－(어떤 수)＝ 48

? : 바르게 계산한 값

❶ 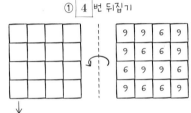 을 시계 반대 방향으로 180°만큼 돌리면 ┃2⌐ 이 됩니다.

126−(어떤 수)=48, (어떤 수)=126−48=78

❷ 어떤 수는 78이므로 바르게 계산하면 921−78=843입니다.

답 **843**

8

문제 그리기

① 4 번 뒤집기

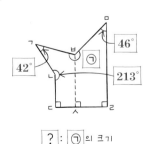

②시계 방향으로 180 만큼 돌리기 → ③ 위 쪽으로 2 번 뒤집기

? : 가장 큰 네 자리 수와 가장 작은 네 자리 수의 합

계획-풀기

❶ 숫자판을 왼쪽으로 4번 뒤집었을 때의 숫자판은 처음 숫자판과 같습니다. 이 숫자판을 시계 방향으로 180°만큼 돌리고 위쪽으로 2번 뒤집었을 때의 숫자판은 시계 방향으로 180°만큼 돌렸을 때의 숫자판과 같습니다.

6	9	9	6
9	6	6	9
6	9	9	6
6	9	6	6

❷ 가장 큰 네 자리 수는 9699이고 가장 작은 네 자리 수는 6696이므로 가장 큰 네 자리 수와 가장 작은 네 자리 수의 합은 9699+6696=16395입니다.

6	9	9	6
9	6	6	9
6	9	9	6
6	9	6	6

답 **16395**

9

문제 그리기

? : ㉠의 크기

계획-풀기

❶ 사각형 ㅂㅅㄹㅁ의 네 각의 크기의 합은 360°이므로

(각 ㅁㅂㅅ)+90°+90°+46°=360°

(각 ㅁㅂㅅ)=360°−226°=134°

❷ (오각형 ㄱㄴㄷㅅㅂ의 다섯 각의 크기의 합)

=(삼각형 ㄱㄴㅂ의 세 각의 크기의 합)

　+(사각형 ㄴㄷㅅㅂ의 네 각의 크기의 합)

=180°+360°=540°

오각형 ㄱㄴㄷㅅㅂ의 다섯 각의 크기의 합은 540°임을 이용하면

42°+213°+90°+90°+(각 ㄱㅂㅅ)=540°

(각 ㄱㅂㅅ)=540°−435°=105°

❸ ㉠=(각 ㅁㅂㅅ)+(각 ㄱㅂㅅ)=134°+105°=239°

답 **239°**

10

문제 그리기

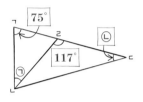

(각 ㄱㄴㄷ)=(각 ㄴㄱㄷ)= 75 °

? : ㉠의 각도와 ㉡의 각도

계획-풀기

❶ 삼각형의 세 각의 크기의 합은 180°이므로

(각 ㄱㄹㄴ)=180°−117°=63°

75°+63°+㉠=180°, ㉠=180°−138°=42°

❷ 각 ㄱㄴㄷ과 각 ㄴㄱㄷ의 크기가 같으므로

(각 ㄱㄴㄷ)=75°

(각 ㄷㄴㄹ)=75°−㉠=75°−42°=33°

삼각형의 세 각의 크기의 합은 180°이므로

117°+33°+㉡=180°, ㉡=180°−150°=30°

답 **㉠: 42°, ㉡: 30°**

11

문제 그리기

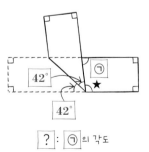

? : ㉠의 각도

계획-풀기

❶ ★=180°−42°−42°=96°

❷ 사각형의 네 각의 크기의 합은 360°이므로

㉠+96°+90°+90°=360°, ㉠=360°−276°=84°

답 **84°**

12

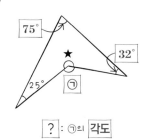

? : ㉠의 **각도**

❶ 사각형의 네 각의 크기의 합은 360°이므로

$75° + 25° + ★ + 32° = 360°$, $★ = 360° - 132° = 228°$

❷ $★ + ㉠ = 360°$, $㉠ = 360° - 228° = 132°$

[다른 풀이] 사각형의 네 각의 크기의 합은 360°이고, ★과 ㉠의 각도의 합도 360°이므로

$75° + 25° + ★ + 32° = 360°$, $★ + ㉠ = 360°$

$㉠ = 75° + 25° + 32° = 132°$

📬 **132°**

13

오른쪽으로 1번 뒤집기

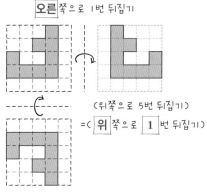

(위쪽으로 5번 뒤집기)
=(**위**쪽으로 **1** 번 뒤집기)

? : **위**쪽으로 **5** 번 뒤집은 다음, **오른**쪽으로 뒤집은 도형

❶ 도형을 위쪽으로 2번 뒤집은 도형은 처음 도형과 같으므로 도형을 위쪽으로 5번 뒤집은 도형은 도형을 위쪽으로 1번 뒤집은 도형과 같습니다.

❷

📬

14

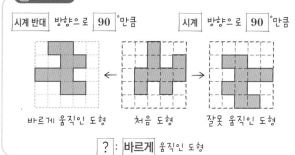

? : **바르게** 움직인 도형

❶ 어떤 도형을 시계 방향으로 90°만큼 돌렸을 때의 도형을 처음 도형으로 되돌리려면 다시 시계 반대 방향으로 90°만큼 돌리면 됩니다.

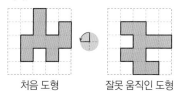

처음 도형   잘못 움직인 도형

❷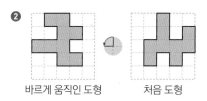

바르게 움직인 도형   처음 도형

📬

15

① 시계 반대 방향으로 90°만큼 **8** 번 돌리기

② 시계 방향으로 **180** °만큼 **5** 번 돌리기

③ **시계** 방향으로 **270** °만큼 **8** 번 돌리기

? : 인형을 바구니에 넣게 되는 카드의 **번호**

인형을 시계 방향 또는 시계 반대 방향으로 90°만큼 4번 돌리거나 180°만큼 2번 돌리면 처음 인형 모양과 같습니다.

❶ [카드 ①] 시계 반대 방향으로 90°만큼 8번 돌리기 ➡ $8 ÷ 4 = 2$ 이므로 인형 모양이 그대로입니다.

[카드 ③] 시계 방향으로 270°만큼 8번 돌리기 ➡ 시계 반대 방향으로 90°만큼 8번 돌리기와 같으므로 인형 모양이 그대로입니다.

따라서 인형 모양이 그대로인 카드는 ①, ③입니다.

❷ [카드 ②] 시계 방향으로 180°만큼 5번 돌리기 ➡ $5 ÷ 2 = 2 ⋯ 1$ 이므로 시계 방향으로 180°만큼 1번 돌리기와 같습니다.

따라서 인형 모양이 바뀌어 인형을 바구니에 넣는 카드는 ②입니다.

📬 **②**

16

📷 문제 그리기

 → →

처음 시계   시계 반대 방향으로   시계 방향으로
      90° 만큼 13 번   180° 만큼
      돌린 시계   돌린 시계

? : 동생이 움직인 시계의 시곗바늘

🔲 계획-풀기

❶ 시계를 시계 반대 방향으로 90°만큼 13번 돌렸을 때의 시계는 13÷4＝3…1이므로 시계를 시계 반대 방향으로 90°만큼 1번 돌렸을 때의 시계와 같습니다.

처음 시계   시계 반대 방향으로
           90°만큼 13번 돌린 시계

❷

시계 반대 방향으로   시계 방향으로
90°만큼 13번 돌린 시계   180°만큼 돌린 시계

답

🔲 계획-풀기

❶ 삼각형의 세 각의 크기의 합은 ~~210°~~입니다.

→ 180°

❷ 팔각형을 ~~5~~개로 나눌 수 있으므로 팔각형의 여덟 둔각의 크기의 합은 ~~210°×5＝1050°~~입니다.

→ 6개, 180°×6＝1080°

답 ⑩ 팔각형의 여덟 둔각의 크기의 합은 1080°야.

💡 확인하기

단순화하기   (◯)

2

📷 문제 그리기

처음 도형

? : 도형을 아래 쪽으로 9 번 뒤집은 도형

🔲 계획-풀기

❶

아래쪽으로 1번   아래쪽으로 2번
뒤집은 도형   뒤집은 도형

❷ 도형을 아래쪽으로 9번 뒤집은 도형은 아래쪽으로 ~~2~~번 뒤집은 도형과 같습니다.

→ 1번

❸ 도형을 아래쪽으로 9번 뒤집었을 때의 도형을 그리면 다음과 같습니다.

답

💡 확인하기

단순화하기   (◯)

STEP 1   **내가 수학하기 배우기**   단순화하기·규칙 찾기
90~92쪽

1

📷 문제 그리기

진영   수진

? : 진영 이의 질문에 대한 수진 이의 답

3

📷 문제 그리기

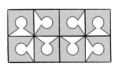

? : 🔑 모양을 규칙에 따라 빈칸을 채워 무늬 완성

❶ 보기 의 무늬는 모양을 시계 방향으로 90°만큼 2번 돌리는 것을 반복해서 모양을 만들고, 그 모양을 아래로 뒤집는 규칙으로 만들었습니다.

→ 1번, 오른쪽

❷ 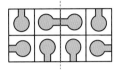 모양을 시계 방향으로 90°만큼 1번 돌리는 것을 반복해서 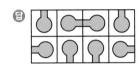 모양을 만들고, 그 모양을 오른쪽으로 뒤집는 규칙으로 무늬를 완성합니다.

답

🔶 확인하기

규칙 찾기   (○)

STEP 2   내가 수학하기 해보기   단순화하기·규칙 찾기

93~100쪽

1

📷 문제 그리기

? : 여섯 개의 각의 크기의 합

계획-풀기

❶ 도형의 꼭짓점끼리 연결하는 선을 그으면 삼각형 4개로 나눌 수 있습니다.

❷ 삼각형의 세 각의 크기의 합은 180°이고, 도형을 삼각형 4개로 나눌 수 있으므로 도형의 여섯 각의 크기의 합은 $180° \times 4 = 720°$입니다.

답 720°

2

📷 문제 그리기

크고 작은 예각은 2 종류입니다.

? : 크고 작은 예각 의 개수

계획-풀기

❶ 각 1개짜리 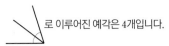 로 이루어진 예각은 5개이고, 각 2개짜리

로 이루어진 예각은 4개입니다.

각 3개짜리로 이루어진 각 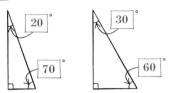 은 둔각입니다.

❷ 찾을 수 있는 크고 작은 예각은 모두 5＋4＝9(개)입니다.

답 **9개**

3

📷 문제 그리기

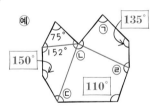

두 각을 맞대어 만들 수 있는 각의 크기는 각 2 개의 크기의 합입니다.

? : 세 번째로 작은 각의 크기

계획-풀기

❶ $20°+30°=50°$, $20°+60°=80°$, $30°+70°=100°$이므로 가장 작은 각의 크기는 50°, 두 번째로 작은 각의 크기는 80°, 세 번째로 작은 각의 크기는 100°입니다.

❷ 세 번째로 작은 각의 크기는 100°입니다.

답 **100°**

4

📷 문제 그리기

도형을 삼각형 1개와 사각형 3 개로 나눌 수 있습니다.

(사각형은 삼각형 2개로 나눌 수 있으므로 도형을 나눌 수 있는 방법은 이 외에도 다양합니다.)

? : ㉠＋㉡＋㉢＋㉣

계획-풀기

❶ 삼각형의 세 각의 크기의 합은 180°이고, 사각형의 네 각의 크기의 합은 360°이므로 사각형 3개의 모든 각의 크기의 합은 $360° \times 3 = 1080°$입니다.
⇨ (도형의 아홉 각의 크기의 합)＝180°＋1080°＝1260°

❷ ㉠＋㉡＋75°＋152°＋150°＋㉢＋110°＋㉣＋135°＝1260°
㉠＋㉡＋㉢＋㉣＝1260°－622°＝638°

답 **638°**

5

문제 그리기

? : 도형을 시계 방향으로 180°만큼 5번 돌린 도형을 위쪽으로 뒤집은 도형

계획-풀기

❶ 도형을 시계 방향으로 180°만큼 5번 돌린 도형은 시계 방향으로 180°만큼 1번 돌린 도형과 같습니다.

❷ ❶의 도형을 위쪽으로 뒤집었을 때의 도형을 그리면 다음과 같습니다.

처음 도형 → 시계 방향으로 180°만큼 5번 돌린 도형 → 위쪽으로 뒤집은 도형

답

6

문제 그리기

? : 시계 반대 방향으로 270°만큼 3번 돌린 다음 오른쪽으로 5번 뒤집기 전의 처음 설정한 도형

계획-풀기

♠ 모양 버튼과 ◑ 모양 버튼을 차례대로 눌러서 바뀐 도형이 주어졌으므로 버튼을 누르기 전의 도형을 생각하면 됩니다.

❶ ◑ 모양 버튼을 누르기 전의 도형은 움직인 도형을 왼쪽으로 5번 뒤집으면 되는데 이 것은 왼쪽으로 1번 뒤집은 도형과 같습니다.

❷ ♠ 모양 버튼을 누르기 전의 도형은 ❶의 도형을 시계 방향으로 270°만큼 3번 돌리면 되는데 시계 반대 방향으로 90°만큼 3번 돌린 도형과 같습니다. 이것은 시계 반대 방향으로 270°만큼 1번 돌린 도형과 같고, 시계 방향으로 90°만큼 1번 돌린 도형과도 같습니다.

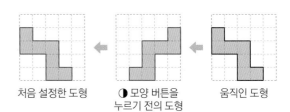

처음 설정한 도형 ← ◑ 모양 버튼을 누르기 전의 도형 ← 움직인 도형

답

7

문제 그리기

? : 시계 방향으로 90°만큼 20번 돌린 도형을 왼쪽으로 9번 뒤집은 도형

계획-풀기

❶ 도형을 시계 방향으로 90°만큼 4번 돌린 도형은 처음 도형과 같으므로 도형을 시계 방향으로 90°만큼 20번 돌린 도형은 20÷4=5로 처음 도형과 같습니다.

❷ 도형을 왼쪽으로 2번 뒤집은 도형은 처음 도형과 같으므로 도형을 왼쪽으로 9번 뒤집은 도형은 왼쪽으로 1번 뒤집은 도형과 같습니다.

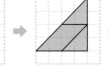

처음 도형 → 시계 방향으로 90°만큼 20번 돌린 도형 → 왼쪽으로 9번 뒤집은 도형

답

8

문제 그리기

처음 도형   움직인 도형

처음 도형을 같은 방법으로 3번 움직인 도형이 오른쪽과 같습니다.

? : 움직인 방법 설명

③ 〈추측〉 삼각형의 ㉠, ㉡, ㉢ 또는 사각형의 ㉣, ㉤, ㉥, ㉦처럼 도형의 바깥쪽에 위치한 각도의 합은 360°입니다.

답 **360**

11

⊡ 문제 그리기

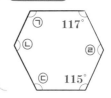

? : ㉠, ㉡, ㉢, ㉣의 각도의 **합**

⊞ 계획-풀기

① 육각형은 삼각형 4개로 나눌 수 있으므로 육각형의 여섯 각의 크기의 합은 180°×4=720°입니다.

② ㉠+㉡+㉢+㉣=720°−115°−°117° =488°

답 **488°**

12

⊡ 문제 그리기

예

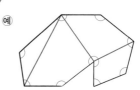

삼각형 **1** 개와 사각형 **3** 개로 나눌 수 있습니다.

? : 도형에 표시한 모든 각의 크기의 **합**

⊞ 계획-풀기

① 삼각형의 세 각의 크기의 합은 180°입니다.

② 사각형의 네 각의 크기의 합은 360°이므로 사각형 3개의 모든 각의 크기의 합은 360°×3=1080°입니다.

③ 180°+1080°=1260°

답 **1260°**

[참고] 도형을 삼각형 7개로 나눌 수 있으므로 도형에 표시한 모든 각의 크기의 합은 180°×7=1260°입니다.

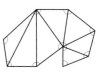

13

⊡ 문제 그리기

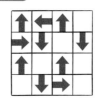

? : 무늬 **완성**

⊞ 계획-풀기

① 처음 도형을 시계 방향으로 90°만큼 1번 돌리면 오른쪽 도형이 됩니다.

② 처음 도형을 시계 방향으로 90°만큼 1번 돌린 도형은 시계 반대 방향으로 270°만큼 1번 돌린 도형과 같습니다. 270°만큼 1번 돌리기는 90°만큼 3번 돌리기와 같으므로 처음 도형을 시계 반대 방향으로 90°만큼 3번 돌리면 움직인 도형이 됩니다.

설명 예 **시계 반대 방향으로 90°만큼 3번 돌립니다.**

9

⊡ 문제 그리기

삼각형 **2** 개   삼각형 **3** 개   삼각형 **4** 개   삼각형 **6** 개

? : 삼각형의 세 각의 크기의 합을 이용한 **십이각** 형의 **열두** 각의 크기의 **합**

⊞ 계획-풀기

① (삼각형의 수)=(도형의 변의 수)−2이므로 십이각형을 삼각형으로 나누었을 때 삼각형의 수는 12−2=10(개)입니다.

도형의 변의 수(개)	4	5	6	7	8	…	12
삼각형의 수(개)	2	3	4	5	6	…	10

② 십이각형은 삼각형 10개로 나눌 수 있으므로 십이각형의 열두 각의 크기의 합은 180°×10=1800°입니다.

답 **1800°**

10

⊡ 문제 그리기

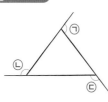 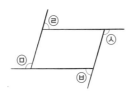

? : 〈추측〉의 □ 안에 **알맞은** 수

⊞ 계획-풀기

① 삼각형에서 세 직선이 이루는 각도는 모두 180°이므로 180°×3=540°에서 삼각형의 세 각의 크기의 합 180°를 빼면 ㉠+㉡+㉢을 구할 수 있습니다.
㉠+㉡+㉢=540°−180°=360°

② 사각형에서 네 직선이 이루는 각도는 모두 180°이므로 180°×4=720°에서 사각형의 네 각의 크기의 합 360°를 빼면 ㉣+㉤+㉥+㉦을 구할 수 있습니다.
㉣+㉤+㉥+㉦=720°−360°=360°

계획-풀기

❶ 예

❷  모양을 시계 반대 방향으로 90°만큼 돌리는 것을 반복해

서 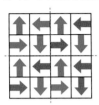 모양을 만들고, 그 모양을 오른쪽과 아래쪽으로

밀어서 무늬를 만드는 규칙입니다.

❸ 규칙에 따라 빈칸에 알맞게 그리면

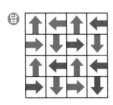

답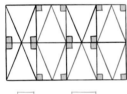

14

문제 그리기

? : 무늬의 규칙 설명

계획-풀기

❶ 예

❷ 모양을 위쪽(또는 아래쪽)으로 뒤집는 것을 반복해서 무

늬를 만드는 규칙입니다.

또는 모양을 위쪽(또는 아래쪽)으로 뒤집는 것을 반복해서

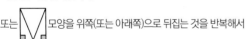 모양을 만들고, 그 모양을 오른쪽으로 밀어서 무

늬를 만든 규칙입니다.

규칙 예 모양을 위쪽(또는 아래쪽)으로 뒤집는 것을

반복해서 무늬를 만드는 규칙입니다.

15

문제 그리기

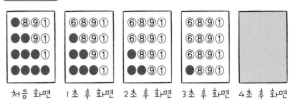

처음 화면 　1초 후 화면　　2초 후 화면　　3초 후 화면　　4초 후 화면

? : 1 분 47 초 후의 컴퓨터 화면에서 꺼진 숫자로 만들

수 있는 가장 큰 수

계획-풀기

❶ 처음 화면부터 꺼지는 화면까지 화면이 5번 바뀝니다.

1분 47초＝107초이고 107÷5＝21…2이므로 1분 47초 후의

화면은 2초 후의 화면과 같습니다.

❷ 꺼진 숫자 6, 6, 8을 한 번씩만 사용하여 만들 수 있는 가장 큰 수

는 866입니다.

답 866

16

문제 그리기

? : 빈칸에 들어갈 글자

계획-풀기

❶ 개의 새끼는 강아지이고, 말의 새끼는 망아지이므로 왼쪽 동물

의 새끼를 가리키는 글자를 놓고 그 글자를 오른쪽으로 뒤집어

오른쪽에 놓는 규칙입니다.

❷ 닭의 새끼는 병아리이므로 병아리를 오른쪽으로 뒤집어 씁니다.

답 |되아병

STEP 3 내가 수학하기 한 단계 UP!

식 세우기, 문제정보 복합적으로 나타내기, 단순화하기·규칙 찾기

101~108쪽

1

문제 그리기

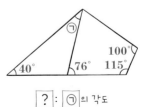

? : ㉠의 각도

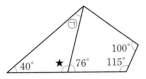

★=180°−76°=104°이고, 삼각형의 세 각의 크기의 합은 180°이므로

⊙+40°+104°=180°, ⊙+144°=180°

⊙=180°−144°=36°

답 **36°**

2

📷 문제 그리기

? : 나머지 한 각이 둔각 인 사각형의 기호와 그 사각형의

나머지 한 각의 크기

📐 계획-풀기

사각형의 네 각의 크기의 합 360°에서 세 각의 크기의 합을 빼면 나머지 한 각의 크기를 구할 수 있습니다.

⊙ 105°+75°+95°=275°이므로

(나머지 한 각)=360°−275°=85° → 예각

© 85°+115°+85°=285°이므로

(나머지 한 각)=360°−285°=75° → 예각

© 107°+75°+80°=262°이므로

(나머지 한 각)=360°−262°=98° → 둔각

② 95°+88°+95°=278°이므로

(나머지 한 각)=360°−278°=82° → 예각

따라서 나머지 한 각의 크기가 둔각인 사각형은 ©입니다.

답 **©, 98°**

3

📷 문제 그리기

첫 번째   두 번째   세 번째

? : 일곱 번째 도형의 나누어진 삼각형 수와 그 삼각형 중에서 둔각 이 있는 삼각형의 수의 합

📐 계획-풀기

일곱 번째 도형은 십각형이고 삼각형 8개로 나눌 수 있으며 이 중에서 둔각이 있는 삼각형은 6개이므로 나누어진 삼각형 수와 둔각이 있는 삼각형 수의 합은 8+6=14입니다.

답 **14**

4

📷 문제 그리기

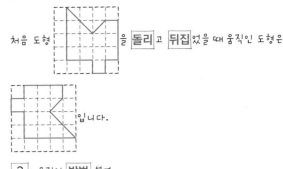

처음 도형 을 돌리 고 뒤집 었을 때 움직인 도형은

입니다.

? : 움직인 방법 설명

📐 계획-풀기

처음 도형을 시계 반대 방향으로 90°만큼 돌리고 오른쪽으로 뒤집으면 움직인 도형이 됩니다.

또는 처음 도형을 시계 방향으로 90°만큼 돌리고 위쪽(또는 아래쪽)으로 뒤집으면 움직인 도형이 됩니다.

설명 예 **시계 반대 방향으로 90°만큼 돌리고 오른쪽으로 뒤집습니다.**

5

📷 문제 그리기

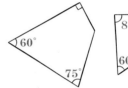

? : 사각형과 삼각형의 두 각을 겹치지 않게 맞대어 각을 만들 때 네 번째로 큰 각도

📐 계획-풀기

(사각형의 나머지 한 각)=360°−90°−60°−75°=135°

(삼각형의 나머지 한 각)=180°−87°−60°=33°

가장 큰 각: 135°+87°=222°

두 번째로 큰 각: 135°+60°=195°

세 번째로 큰 각: 90°+87°=177°

네 번째로 큰 각: 135°+33°=168°

답 예 **네 번째로 큰 각도는 168°야.**

6

📷 문제 그리기

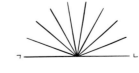

선분 ㄱㄴ 위에 한 점을 잡고 만들어진 각 9 개의 크기는 모두 같습니다.

? : 크고 작은 둔각 의 개수

계획-풀기

직선이 이루는 각 180°를 각 9개로 나누었으므로 한 각의 크기는
180°÷9=20°입니다. 둔각은 직각보다 크고 180°보다 작으므로 각
5개짜리, 6개짜리, 7개짜리, 8개짜리로 이루어진 둔각을 각각 찾으면

〈각 5개짜리〉 〈각 6개짜리〉

5개   4개

〈각 7개짜리〉 〈각 8개짜리〉

3개   2개

따라서 크고 작은 둔각은 모두 5+4+3+2=14(개)입니다.

답 **14개**

7

📷 문제 그리기

? : ㉠ 의 각도

 계획-풀기

직선을 이루는 각도는 180°이고
접었을 때 겹치는 각의 크기는 같
으므로

$180°-132°=48°$, ★$=48°÷2=24°$
삼각형의 세 각의 크기의 합은 180°이므로
㉠$+90°+24°=180°$, ㉠$=180°-114°=66°$

답 **66°**

8

📷 문제 그리기

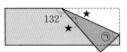

? : 수 카드를 **위** 쪽으로 뒤집고 **왼** 쪽으로 **뒤집** 었을 때

만들어지는 수와 처음 수의 **합**

 계획-풀기

수 카드를 위쪽으로 뒤집고 왼쪽으로 뒤집으면

⇨ (두 수의 합)=1088+8801=9889

답 **9889**

9

📷 문제 그리기

동생이 말해 준 친구의 집주소  는

처음 수를 **위** 쪽으로 **뒤집** 었을 때 보이는 수입니다.

? : 친구의 **원래** 집주소(몇 동 몇 호)

📊 계획-풀기

동생이 말해 준 친구의 집주소를 다시 아래쪽으로 뒤집으면 친구의
원래 집주소를 알 수 있습니다.

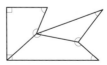

따라서 친구의 원래 집주소는 108동 215입니다.

답 **108동 215호**

10

📷 문제 그리기

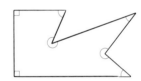

? : 모든 각의 크기의 **합**

📊 계획-풀기

도형을 삼각형 5개로 나눌 수 있으므로 도형에 표시한 모든 각의 크
기의 합은 $180°×5=900°$입니다.

[다른 풀이] 도형을 삼각형 1개와 사각형 2개로 나눌 수 있고 사각형
2개의 모든 각의 크기의 합은 $360°×2=720°$이므로 도형에 표시
한 모든 각의 크기의 합은 $180°+720°=900°$입니다.

답 **900°**

11

📷 문제 그리기

? : 모양으로 무늬를 만든 **규칙** 설명

계획-풀기

윗줄은 ⊞ 모양을 오른쪽으로 뒤집으면 ⊞ 모양이 되고 그 모양을 반복해서 무늬를 만들고, 아랫줄은 ⊞ 모양을 시계 방향 (또는 시계 반대 방향)으로 180°만큼 돌리면 ⊞ 모양이 되고 그 모양을 오른쪽으로 뒤집은 모양을 반복해서 무늬를 만듭니다.

규칙 예 윗줄은 ⊞ 모양을 오른쪽으로 뒤집는 것을 반복 해서 무늬를 만들고, 아랫줄은 ⊞ 모양을 시계 방 향으로 180°만큼 돌리고 오른쪽으로 뒤집는 것을 반 복해서 무늬를 만드는 규칙입니다.

12

📷 문제 그리기

〈직각일 때〉

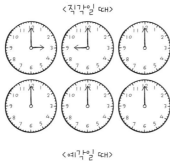

〈예각일 때〉

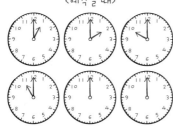

? : 12 를 가리키는 긴바늘과 짧은바늘이 이루는 작은 쪽의 각이 직각 일 때와 예각 인 시각의 횟수

계획-풀기

긴바늘이 12를 가리키고 긴바늘과 짧은바늘이 이루는 각이 직각일 때는 3시, 9시이고, 예각일 때는 1시, 2시, 10시, 11시입니다. 이 시 각은 하루에 2번씩 있으므로 직각일 때는 2×2=4(번)이고, 예각일 때는 4×2=8(번)입니다.

답 직각: 4번, 예각: 8번

13

📷 문제 그리기

 모양을 시계 반대 방향으로 270° 만큼 돌리고 밀어서 만 든 무늬

? : 모양을 규칙적으로 움직여 만든 무늬

계획-풀기

모양을 시계 반대 방향으로 270°만큼 돌린 모양은 시계 방향 으로 90°만큼 돌린 모양과 같으므로 모양을 미는 것을 반복 해서 무늬를 만드는 규칙입니다.

답
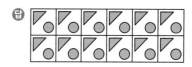

14

📷 문제 그리기

시장에 도착한 시각은 3 시 40 분이고 시장에 도착한 시각 시장에서 장을 본 시간은 95 분입니다.

? : 시장 에서 집으로 출발한 시각에 두 시곗바늘이 이루는 작은 쪽의 각의 종류

계획-풀기

95분은 1시간 35분이므로 시장에서 출발한 시각은 3시 40분＋1시간 35분＝5시 15분입니다.

따라서 시계의 긴바늘과 짧은바늘이 이루는 작은 쪽의 각은 예각입 니다.

답 예각

15

📷 문제 그리기

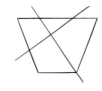

? : 예 각, 직 각, 둔 각 각각의 개수

계획-풀기

예각: 7개

직각: 4개

둔각: 5개

답 예각: 7개, 직각: 4개, 둔각: 5개

16

📷 문제 그리기

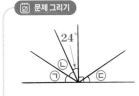

? : 각 [2]개짜리로 이루어진 가장 큰 각과 각 [3]개짜리로 이루어진 가장 작은 각의 크기의 [합]

🎛 계획-풀기

$90°-24°=66°$이므로

㉠=㉡=㉢=$66°÷2=33°$

㉣=$90°-33°=57°$

각 2개짜리로 이루어진 각 중 가장 큰 각의 크기는 ㉢+㉣=$90°$입니다.

각 3개짜리로 이루어진 각 중 가장 작은 각의 크기는 ㉠+㉡+$24°=33°+33°+24°=90°$입니다.

따라서 두 각의 크기의 합은 $90°+90°=180°$입니다.

답 180°

STEP 4 내가 수학하기 **거뜬히 해내기**

109~110쪽

1 운동을 시작한 시각은 거울에 비친 시계를 보았으므로 시계를 왼쪽 또는 오른쪽으로 뒤집으면 원래 시각입니다.

원래 시각   거울에 비친 시각

거울에 비친 시각은 12시 30분이므로

원래 시각은 11시 30분입니다.

(운동 시간)=(운동을 끝낸 시각)-(운동을 시작한 시각)

=12시 45분-11시 30분=1시간 15분

답 1시간 15분

2 뒤집기나 돌리기를 하여 같은 모양은 한 모양으로 하므로

  의 세 모양은 모두 같은 모양으로 합니다.

따라서 만들 수 있는 모양은 모두 8가지입니다.

답 8가지

3

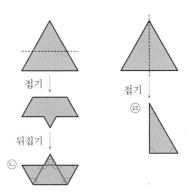

도형 ㉡은 삼각형 3개와 사각형 1개로 나눌 수 있으므로 삼각형 3개의 모든 각의 크기의 합은 $180°×3=540°$이고, 이 도형의 모든 각의 크기의 합은 $540°+360°=900°$로 ◎입니다.

도형 ㉣은 삼각형이므로 모든 각의 크기의 합은 $180°$로 ⑩입니다.

답 ㉡, ㉣, ⑩, ◎

4 종이를 처음에 반으로 접었을 때 보이는 수는 노란색 부분이고, 여기서 다시 위쪽과 아래쪽을 반씩 접었을 때 보이는 수는 초록색 부분이며, 이것을 오른쪽으로 뒤집었을 때 보이는 수는 흰색 부분입니다.

2	0	3	4
1	5	3	0
4	2	0	7
0	3	6	2

따라서 보이는 수를 모두 더하면 $3+0+0+7=10$입니다.

답 10

핵심 역량 말랑말랑 **수학**

111~113쪽

1 ❹ 원숭이의 키와 돼지의 키가 같지 않으므로 등호 '='의 오른쪽 ㉮에 들어갈 수 없습니다.

답 ④

2 등호 '='의 왼쪽과 오른쪽에 같은 여우가 있으므로 등호 '='를 올바르게 사용하기 위한 조건은 🎁 = 🐿 입니다.

답 ①

3 루나 성에서 살던 사람 3명이 모두 가방을 싸서 성을 빠져나갔으므로 그만큼의 같은 무게를 루나 성에 더해 주거나 빛나 성에서 **빼** 주면 됩니다.

답 ③, ④

4 등호 '='의 왼쪽과 오른쪽이 같아야 합니다.

답 ②, ④

PART 3

변화와 관계
자료와 가능성

막대그래프, 규칙 찾기

개념 떠올리기　　116~118쪽

1 약과를 좋아하는 학생: 은우, 지윤, 재훈, 기범, 유경, 채아, 준영, 민성, 재건, 정하 ➡ 10명

팥죽을 좋아하는 학생: 민재, 기태 ➡ 2명

한과를 좋아하는 학생: 서아, 선호, 승재, 은율, 예지, 동윤 ➡ 6명

답 **10, 2, 6**

2 막대그래프의 세로에는 전통 간식별 좋아하는 학생 수를 나타내어야 합니다.

답 **학생 수**

3 한과를 좋아하는 학생은 6명이므로 $6 \div 2 = 3$(칸)으로 나타내어야 합니다.

답 **3칸**

4 수정과를 좋아하는 학생 6명을 세로 눈금 3칸으로 나타내었으므로 세로 눈금 한 칸은 학생 $6 \div 3 = 2$(명)을 나타내고, 세로 눈금 5칸은 학생 $5 \times 2 = 10$(명)을 나타냅니다.

약과를 좋아하는 학생: $10 \div 2 = 5$(칸)

팥죽을 좋아하는 학생: $2 \div 2 = 1$(칸)

한과를 좋아하는 학생: $6 \div 2 = 3$(칸)

답

좋아하는 전통 간식별 학생 수

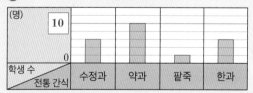

5 한과를 좋아하는 학생 6명보다 더 많은 학생이 좋아하는 전통 간식은 10명인 약과입니다.

답 **약과**

6 ❶ $11 \times 11 = 121$

→ (두 자리 수) × (두 자리 수) = (세 자리 수)

$111 \times 111 = 12321$

→ (세 자리 수) × (세 자리 수) = (다섯 자리 수)

$1111 \times 1111 = 1234321$

→ (네 자리 수) × (네 자리 수) = (일곱 자리 수)

빈칸에 알맞은 식은 1이 5개인 11111을 두 번 곱한 것으로 곱의 가운데 수가 5인 아홉 자리 수이므로

$11111 \times 11111 = 123454321$입니다.

❷ $216 \div 2 = 108$
　　　　　0이 1개

$20016 \div 2 = 10008$
0이 2개　　　0이 3개

$2000016 \div 2 = 1000008$
　0이 4개　　　　0이 5개

나누어지는 수의 2와 16 사이에 0이 2개씩 늘어나면 몫의 1과 8 사이에 0도 2개씩 늘어나므로 빈칸에 알맞은 식은

$200000016 \div 2 = 100000008$입니다.
　0이 6개　　　　　0이 7개

답 ❶ $11111 \times 11111 = 123454321$
　　❷ $200000016 \div 2 = 100000008$

7 첫째: $690 - 280 = 410$

둘째: $\underline{650} - 280 = \underline{370}$
　　　690－40　　410－40

셋째: $\underline{610} - 280 = \underline{330}$
　　　650－40　　370－40

넷째: $\underline{570} - 280 = \underline{290}$
　　　610－40　　330－40

규칙 40씩 작아지는 수에서 같은 수 280을 빼면 계산 결과도 40씩 작아집니다.

답 **280, 40**

STEP 1　내가 수학하기 배우기　　식 세우기

120~121쪽

1

📷 **문제 그리기**

가전제품 구입 경로별 가구 수

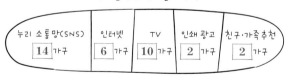

누리 소통망(SNS) **14** 가구　인터넷 **6** 가구　TV **10** 가구　인쇄 광고 **2** 가구　친구·가족 추천 **2** 가구

? : 전체 **가구** 수

🗂 **계획-풀기**

❶ 표의 빈칸에 알맞은 수는 막대그래프의 가구 수로 구합니다.

막대그래프의 세로 눈금 한 칸은 1가구이므로 가전제품을 누리 소통망(SNS)으로 구입한 가구는 7가구이고, 친구·가족 추천으로 구입한 가구는 1가구입니다.

→ 2가구, 14가구, 2가구

❷ 조사한 전체 가구 수를 구합니다.

(조사한 전체 가구 수)

$= \boxed{14} + \boxed{6} + \boxed{10} + \boxed{2} + \boxed{2} = \boxed{34}$ (가구)

표와 막대그래프를 완성해 보면

가전제품 구입 경로별 가구 수

구입 경로	누리 소통망 (SNS)	인터넷	TV	인쇄 광고	친구·가족 추천	합계
가구 수 (가구)	14	6	10	2	2	34

가전제품 구입 경로별 가구 수

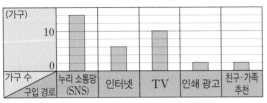

답 34가구

🔅 확인하기

식 세우기 　(◯)

2

📷 문제 그리기

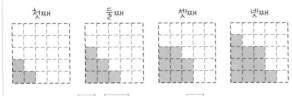

? : 다섯 째에 색칠하는 칸 의 수

🔡 계획-풀기

❶ (짝수째에 색칠하는 칸의 수)
　＝(이전 홀수째에 색칠한 칸의 수)＋2

→ 3

❷ 첫째를 제외하고
　(홀수째에 색칠하는 칸의 수)
　＝(이전 짝수째에 색칠한 칸의 수)＋3

→ 2

❸ 따라서 다섯째에 색칠하는 칸은 11＋2＝13(칸)입니다.

답 13칸

🔅 확인하기

식 세우기 　(◯)

1

📷 문제 그리기

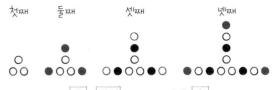

? : 다섯 째 모양의 바둑돌 수

🔡 계획-풀기

❶ 흰색 바둑돌 수와 검은색 바둑돌 수를 표로 나타냅니다.

순서	첫째	둘째	셋째	넷째	다섯째
흰색 바둑돌 수(개)	3	3	3＋3＝6	6	<u>6</u>
검은색 바둑돌 수(개)	0	3	3	3＋3＝6	<u>6＋3＝9</u>

→ (위에서부터) 6＋3＝9, 6

❷ 첫째 이후 흰색 바둑돌 수는 <u>짝수</u>째에서만 <u>2</u>개씩 늘어납니다.

→ 홀수, 3

❸ 첫째 이후 검은색 바둑돌 수는 <u>홀수</u>째에서만 3개씩 늘어납니다.

→ 짝수

❹ 따라서 다섯째에 알맞은 모양에서 바둑돌은
　(흰색 바둑돌 수)＋(검은색 바둑돌 수)＝ 9 ＋ 6 ＝ 15 (개)입니다.

답 15개

🔅 확인하기

표 만들기 　(◯)

2

📷 문제 그리기

장래 희망별 학생 수

예술인	전문직	교사	운동선수	회사원
☆☆☆ ☆☆☆ ☆☆ 8	☆☆ ☆☆ 4	☆☆ ☆☆ ☆ 5	☆☆ ☆☆ ☆☆ ☆ 7	☆☆ ☆ 3

? : 가장 많은 학생의 장래 희망과 두 번째로 많은 학생의 장래 희망의 학생 수의 차

🔡 계획-풀기

❶ 표를 만들어 장래 희망별 학생 수를 구합니다.

장래 희망별 학생 수

장래 희망	예술인	전문직	교사	운동선수	회사원
학생 수(명)	<u>6</u>	4	5	7	3

→ 8

② 가장 많은 학생의 장래 희망은 <u>운동선수</u>로 <u>7</u>명이고, 두 번째로 많은 학생의 장래 희망은 예술인으로 <u>6</u>명입니다.

→ 예술인으로 8명, 운동선수로 7명

③ 가장 많은 학생의 장래 희망과 두 번째로 많은 학생의 장래 희망의 학생 수의 차는 <u>7−6=1</u>(명)입니다.

→ 8−7=1(명)

답 1명

🔆 **확인하기**

표 만들기　　(◯)

STEP 2 내가 수학하기 **해보기**　　식 세우기, 표 만들기

125~132쪽

1

📷 **문제 그리기**

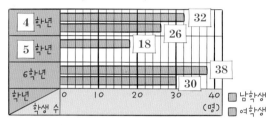

학년별 동생이 있는 학생 수

? : 동생이 있는 5학년 **여** 학생 수

🔳 **계획-풀기**

① (동생이 있는 세 학년의 남학생 수)=32+18+38=88(명)

② (동생이 있는 4학년과 6학년 여학생 수)=26+30=56(명)
(동생이 있는 5학년 여학생 수)=88−56=32(명)

답 32명

2

📷 **문제 그리기**

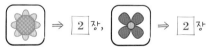

? : 꽃 카드를 이어 붙여서 무늬를 만드는 **방법** 의 수

🔳 **계획-풀기**

①

무늬	꽃 색깔			
첫째	노란색	노란색	보라색	보라색
둘째	노란색	보라색	보라색	노란색
셋째	보라색	노란색	보라색	노란색
넷째	보라색	노란색	노란색	보라색

② 노란색 꽃 카드 2장과 보라색 꽃 카드 2장으로 만들 수 있는 무늬는 모두 4가지입니다.

답 4가지

3

📷 **문제 그리기**

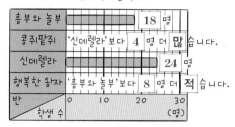

공연하고 싶은 동화별 학생 수

흥부와 놀부		18 명
콩쥐팥쥐	'신데렐라'보다	4 명 더 많 습니다.
신데렐라		24 명
행복한 왕자	'흥부와 놀부'보다	8 명 더 적 습니다.

? : 진이네 학교의 **연극반** 학생 수

🔳 **계획-풀기**

① ('콩쥐팥쥐'를 공연하고 싶은 학생 수)
　=('신데렐라'를 공연하고 싶은 학생 수)+4
　=24+4=28(명)
　('행복한 왕자'를 공연하고 싶은 학생 수)
　=('흥부와 놀부'를 공연하고 싶은 학생 수)−8
　=18−8=10(명)

② (진이네 학교의 연극반 학생 수)=18+28+24+10=80(명)

답 80명

4

📷 **문제 그리기**

농장별 사과 구입 횟수

농장	해	달	환희	호수	합계
사과 구입 횟수(회)	15		21	27	99

? : **달** 농장의 세로 막대 칸 수

🔳 **계획-풀기**

① (달 농장에서 사과를 구입한 횟수)=99−15−21−27=36(회)

② 36÷3=12(칸)

답 12칸

5

📷 **문제 그리기**

순서	첫째	둘째	셋째	넷째
바둑 돌 수(개)	1×3	2×4	3×5	4×6

? : 바둑 돌 143 개로 만든 모양의 순서(째)

🔳 **계획-풀기**

① 첫째: 1×3 → 1×(1보다 2만큼 더 큰 수)
　둘째: 2×4 → 2×(2보다 2만큼 더 큰 수)
　셋째: 3×5 → 3×(3보다 2만큼 더 큰 수)
　넷째: 4×6 → 4×(4보다 2만큼 더 큰 수)
　⇨ 첫째, 둘째, 셋째, 넷째의 1, 2, 3, 4와 그 수보다 2만큼 더 큰 수를 각각 곱하는 규칙입니다.
　(■째 바둑돌 수)=■×(■보다 2만큼 더 큰 수)

❷ ■×(■보다 2만큼 더 큰 수)=143 ➡ 11×13=143이므로 바둑돌 143개로 만든 모양은 11째입니다.

📋 답 **11째**

6

📷 문제 그리기

현장 체험 학습으로 가고 싶어 하는 장소별 학생 수

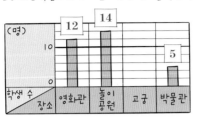

현지네 반 학생 수: $\boxed{33}$ 명

$\boxed{?}$: 가고 싶어 하는 곳이 $\boxed{놀이공원}$인 학생 수는 $\boxed{고궁}$인 학생 수의 몇 배

📋 계획-풀기

❶ (고궁을 가고 싶어 하는 학생 수)=33−12−14−5=2(명)

❷ 14÷2=7(배)

📋 답 **7배**

7

📷 문제 그리기

첫째	둘째	셋째	넷째
0	1	3	6

$\boxed{?}$: $\boxed{열두}$째 모양의 $\boxed{검은}$색 삼각형의 수

📋 계획-풀기

❶
순서	첫째	둘째	셋째	넷째
검은색 삼각형 수(개)	0	1	1+2	1+2+3

❷ 열두째에 알맞은 모양에서 검은색 삼각형 수는
1부터 12−1=11까지 수의 합이므로
1+2+3+4+5+6+7+8+9+10+11=11×6=66(개)

📋 답 **66개**

8

📷 문제 그리기

첫째	95×95=9025
둘째	$\boxed{99}$5×995=$\boxed{9900}$25
셋째	$\boxed{999}$5×9995=$\boxed{999000}$25

$\boxed{?}$: $\boxed{99999995}$ × $\boxed{99999995}$의 계산 결과

📋 계획-풀기

❶ 곱하는 수 95, 995, 9995에서 9의 개수와 계산 결과에서 9, 0의 개수가 같습니다.

❷ 99999995의 9가 7개이므로 계산 결과에도 9와 0이 각각 7개씩 있어야 합니다.
99999995×99999995=9999999000000025

📋 답 **9999999000000025**

9

📷 문제 그리기

빨간색 수 → $\boxed{48}$ + $\boxed{60}$ + $\boxed{54}$ + $\boxed{18}$ + $\boxed{90}$ =(어떤 수)× $\boxed{5}$

$\boxed{?}$: $\boxed{어떤}$ 수

📋 계획-풀기

❶ 48은 54보다 $\boxed{6}$ 만큼 더 작고, 60은 54보다 $\boxed{6}$ 만큼 더 큽니다.
18은 54보다 $\boxed{36}$ 만큼 더 작고, 90은 54보다 $\boxed{36}$ 만큼 더 큽니다.

❷ ❶에 의하면 빨간색 수들을 모두 더하는 것은 $\boxed{54}$ 를 $\boxed{5}$ 번 더하는 것과 같습니다.

❸ 48+60+54+18+90=54×5
➡ 54×5=(어떤 수)×5, (어떤 수)=54

📋 답 **54**

10

📷 문제 그리기

곰 젤리 한 개: $\boxed{600}$ 원, 초코볼 한 개: $\boxed{300}$ 원

$\boxed{?}$: $\boxed{3000}$ 원을 모두 사용하여 곰 젤리와 초코볼을 $\boxed{같이}$ 살 수 있는 $\boxed{방법}$의 수

📋 계획-풀기

❶
곰 젤리의 수(개)	0	1	2	3	4	5
곰 젤리의 금액(원)	0	600	1200	1800	2400	3000
초코볼의 수(개)	10	8	6	4	2	0
초코볼의 금액(개)	3000	2400	1800	1200	600	0
전체 금액(원)	3000	3000	3000	3000	3000	3000

❷ 3000원을 거스름돈 없이 모두 사용하여 곰 젤리와 초코볼을 같이 살 수 있는 방법은 곰 젤리 1개와 초코볼 8개, 곰 젤리 2개와 초코볼 6개, 곰 젤리 3개와 초코볼 4개, 곰 젤리 4개와 초코볼 2개로 모두 4가지입니다.

📋 답 **4가지**

11

문제 그리기

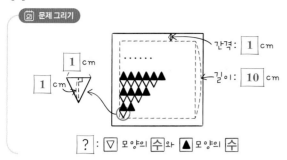

간격: 1 cm
길이: 10 cm

1 cm
1 cm

| ? | : $\triangledown$ 모양의 $수$ 와 ▲ 모양의 $수$ |

계획-풀기

❶

컵 받침 한 변의 길이 (cm)	3	4	5	6	7	8
▽ 모양의 수(개)	1	1	1+3	1+3	1+3+5	1+3+5
▲ 모양의 수(개)	0	2	2	2+4	2+4	2+4+6

❷ (▽ 모양의 수)=1+3+5+7+9=25(개)
　 (▲ 모양의 수)=2+4+6+8+10=30(개)

답 ▽ 모양: 25개, ▲ 모양: 30개

12

문제 그리기

첫째	$5 \times 5 \times 19 \times 19 = 9025$
둘째	$5 \times 5 \times 199 \times 199 = 990025$
셋째	$5 \times 5 \times 1999 \times 1999 = 99900025$

| ? | 9999999900000000025 가 되는 곱셈식 |

계획-풀기

❶ 곱하는 수 19, 199, 1999에서 9의 개수와 계산 결과에서 9, 0의 개수가 같습니다.

❷ 99999999000000000025에서 9와 0이 각각 8개이므로 곱하는 수 9도 8개입니다.
　⇨ $5 \times 5 \times 199999999 \times 199999999 = 99999999000000000025$

답 $5 \times 5 \times 199999999 \times 199999999$
　　 $= 99999999000000000025$

13

문제 그리기

모양이 다른 꽃병: 3 개, 튤립: 1 송이, 수선화: 1 송이

| ? | : 꽃병에 꽃 을 서로 다르게 꽂는 방법 의 수 |

계획-풀기

❶

꽃병	꽃				
□	튤	튤		수	수
△	수		튤	튤		수
○		수	수		튤	튤

❷ 모양이 다른 꽃병 3개에 튤립 1송이, 수선화 1송이를 서로 다르게 꽂는 방법은 모두 6가지입니다.

답 6가지

14

문제 그리기

남학생 1 명, 여학생 3 명

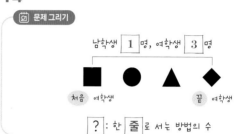

처음 여학생　　　　　　끝 여학생

| ? | : 한 줄 로 서는 방법의 수 |

계획-풀기

❶

순서	한 줄로 서는 학생											
첫째	여1	여1	여1	여1	여2	여2	여2	여2	여3	여3	여3	여3
둘째	남	여3	남	여2	남	여3	남	여1	남	여2	남	여1
셋째	여3	남	여2	남	여3	남	여1	남1	여2	남	여1	남
넷째	여2	여2	여3	여3	여1	여1	여3	여3	여1	여1	여2	여2

❷ 남학생 1명과 여학생 3명이 무대에 옆으로 길게 한 줄로 설 때 처음과 마지막에는 반드시 여학생이 서는 방법은 모두 12가지입니다.

답 12가지

15

문제 그리기

| ? | : 아홉 째 도형의 흰색 사각형 수와 검은 색 사각형 수 |

계획-풀기

❶

순서	첫째	둘째	셋째	넷째
흰색 사각형 수(개)	1	3	5	7
검은색 사각형 수(개)	0	2	4	6

❷ 흰색 사각형은 1, 3, 5, 7로 2개씩 늘어나므로 ■째 흰색 사각형 수는 ■×2에서 1을 빼서 구하고, 검은색 사각형은 0, 2, 4, 6으로 2개씩 늘어나므로 ■째 검은색 사각형 수는 ■-1을 한 후 2를 곱해서 구합니다.
　⇨ 아홉째 흰색 사각형 수: 9×2=18, 18-1=17(개)
　　 아홉째 검은색 사각형 수: 9-1=8, 8×2=16(개)

답 흰색: 17개, 검은색: 16개

16

📝 문제 그리기

국어	수학	영어	과학	합계
84 점	(▲+ 8)점	▲ 점	92 점	364 점

? : **수학** 점수와 **영어** 점수

📋 계획-풀기

❶ 가로 눈금 5칸이 20점을 나타내므로 1칸은 20÷5＝4(점)을 나타냅니다.

국어 점수는 80점과 1칸이므로 80＋4＝84(점)이고, 과학 점수는 80점과 3칸이므로 80＋12＝92(점)입니다.

(수학 점수와 영어 점수의 합)

＝(네 과목의 전체 점수)－(국어 점수)－(과학 점수)

＝364－84－92＝188(점)

❷ 영어 점수를 □점, 수학 점수를 (□＋8)점이라 하면

□＋8＋□＝188, □＋□＝180, □＝90

따라서 수학 점수는 90＋8＝98(점), 영어 점수는 90점입니다.

🏁 답 **수학: 98점, 영어: 90점**

STEP 1 **내가 수학하기 배우기**　　규칙 찾기

134~135쪽

1

📝 문제 그리기

곱셈과 관련된 규칙적인 수의 배열

? : ♥, ⬤ 에 알맞은 수

📋 계획-풀기

❶ 2003×17, 2003×18의 계산 결과에서 규칙을 찾습니다.

```
      2 0 0 3              2 0 0 3
  ×       1 7          ×       1 8
  ─────────────        ─────────────
    1 4 0 2 1            1 6 0 2 4
    2 0 0 3 0            2 0 0 3 0
  ─────────────        ─────────────
    3 4 0 5 1            3 6 0 5 4
```

가로와 세로의 두 수가 만나는 칸의 수는 두 수의 곱셈 결과의 십의 자리 숫자입니다.

→ 일

❷ 2004× 18 , 2005× 19 의 계산 결과에서 ♥, ⬤에 알맞은 수를 구합니다.

```
      2 0 0 4              2 0 0 5
  ×       1 8          ×       1 9
  ─────────────        ─────────────
    1 6 0 3 2            1 8 0 4 5
    2 0 0 4 0            2 0 0 5 0
  ─────────────        ─────────────
    3 6 0 7 2            3 8 0 9 5
```

❶에서 찾은 규칙을 적용하면 ♥＝7, ⬤＝9입니다.

→ ♥＝2, ⬤＝5

🏁 답 ♥: 2, ⬤: 5

💡 확인하기

규칙 찾기　　(〇)

2

📝 문제 그리기

첫째　　둘째　　셋째　　넷째

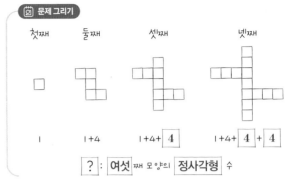

| | 1+4 | 1+4+ 4 | 1+4+ 4 + 4 |

? : **여섯** 째 모양의 **정사각형** 수

📋 계획-풀기

❶ 모양은 가운데 정사각형에서부터 위쪽과 아래쪽으로 각각 3개씩 늘어나는 규칙입니다.

→ 2개

❷ 다섯째와 여섯째에 알맞은 모양을 그립니다.

다섯째　　　　　　　여섯째

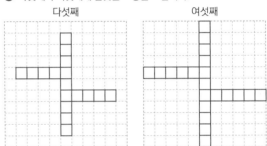

❸ 다섯째에 알맞은 모양에서 정사각형 수는 13이고, 여섯째에 알맞은 모양에서 정사각형 수는 16입니다.

→ 17, 21

🏁 답 **21개**

💡 확인하기

규칙 찾기　　(〇)

STEP 1 **내가 수학하기 배우기** 문제정보 복합적으로 나타내기

137~138쪽

1

📝 문제 그리기

반	1	2	3	4
학생 수 (명)	6+ 4	2+ 7	5 + 5	4 + 7

? : 지난달 동화책을 2 권보다 더 많이 읽은 학생 수가 가장

많은 반

左側段

계획-풀기

❶ 각 반별로 지난달 동화책을 2권보다 더 많이 읽은 (남학생 수)+(여학생 수)를 구합니다.

1반: 6+4=10(명)   2반: 5+8=13(명)

3반: 5+5=10(명)   4반: 8+4=12(명)

→ 2반: 2+7=9(명), 4반: 4+7=11(명)

❷ 지난달 동화책을 2권보다 더 많이 읽은 학생 수는 2반이 13명으로 가장 많습니다.

→ 4반이 11명

답 **4반**

확인하기

문제정보 복합적으로 나타내기   (◯)

2

문제 그리기

어떤 수의 5 배가 (15 25 50 75 85) 안에 있는 5 개의 수의 합 과 같습니다.

? : 어떤 수

계획-풀기

❶  안에 있는 5개의 수의 합은

15+25+50+75+85=355입니다.

→ 250

❷ '어떤 수의 5배가 [ ] 안에 있는 5개의 수의 합과 같습니다.'에서 어떤 수를 □로 놓고 식으로 나타내면 □×5=355입니다.

→ 250

❸ 조건을 만족하는 어떤 수 □를 구하면

□×5=355, □=355÷5, □=71입니다.

→ 250, 250, 50

답 **50**

확인하기

문제정보 복합적으로 나타내기   (◯)

STEP 2 내가 수학하기 해보기

규칙 찾기
문제정보 복합적으로 나타내기

139~146쪽

1

문제 그리기

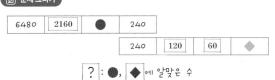

? : ●, ◆ 에 알맞은 수

右側段

계획-풀기

❶ 첫째 줄의 수는 6480부터 시작하여 3으로 나눈 몫이 오른쪽에 있는 규칙이고, 둘째 줄의 수는 240부터 시작하여 2로 나눈 몫이 오른쪽에 있는 규칙입니다.

❷ ●=2160÷3=720

◆=60÷2=30

답 ●: **720**, ◆: **30**

2

문제 그리기

첫째	둘째	셋째	넷째	다섯째	···
1	1	1 2	1 2	2 3 2	···

? : **여섯** 째에 알맞은 도형

계획-풀기

❶ 모눈의 맨 아랫줄부터 홀수째는 왼쪽, 짝수째는 오른쪽에 번갈아 가며 1칸씩 늘어나게 색칠하는 규칙입니다.

❷ 여섯째에 알맞은 도형은 다섯째 도형의 오른쪽에 1칸 더 색칠하면 됩니다.

답   여섯째

3

문제 그리기

2×2=1

22×22= **121**

222 × **222** =12321

2222× **2222** = **1234321**

×4

? : ㉠에 알맞은 **수** 와 ㉡에 알맞은 **식**

계획-풀기

❶ 2 ⇨ 2가 1개인 수 ⇨ 2×2=1×4

22 ⇨ 2가 2개인 수 ⇨ 22×22=121×4

222 ⇨ 2가 3개인 수 ⇨ 222×222=12321×4

2222 ⇨ 2가 4개인 수 ⇨ 2222×2222=1234321×4

왼쪽 식은 곱하는 두 수에서 2가 1개씩 늘어나고 오른쪽 식은 자리 수가 2개씩 늘어나면서 4를 곱하는 규칙입니다.

22222 ⇨ 2가 5개인 수 ⇨ 22222×22222=123454321×4

❷ 222222 ⇨ 2가 6개인 수이므로

⇨ 222222×222222=12345654321×4

답 ㉠: **123454321**, ㉡: **12345654321×4**

4

📷 문제 그리기

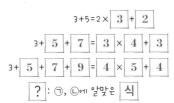

$$3=1\times2+1$$

$$3+5=2\times\boxed{3}+\boxed{2}$$

$$3+\boxed{5}+\boxed{7}=\boxed{3}\times\boxed{4}+\boxed{3}$$

$$3+\boxed{5}+\boxed{7}+\boxed{9}=\boxed{4}\times\boxed{5}+\boxed{4}$$

$\boxed{?}$: ㉠, ㉡에 알맞은 $\boxed{식}$

🔳 계획-풀기

❶ 3: 더한 홀수의 개수가 1개 ⇨ $3=\underline{1}\times2+\underline{1}$

3+5: 더한 홀수의 개수가 2개 ⇨ $3+5=\underline{2}\times3+\underline{2}$

3+5+7: 더한 홀수의 개수가 3개 ⇨ $3+5+7=\underline{3}\times4+\underline{3}$

3+5+7+9: 더한 홀수의 개수가 4개

⇨ $3+5+7+9=\underline{4}\times5+\underline{4}$

왼쪽 식에서 더한 홀수의 개수가 ■개이면 오른쪽 식은

$■\times(■+1)+■$가 되는 규칙입니다.

3+5+7+9+11: 더한 홀수의 개수가 5개

⇨ $3+5+7+9+11=\underline{5}\times6+\underline{5}$

❷ 3+5+7+9+11+13: 더한 홀수의 개수가 6개

⇨ $3+5+7+9+11+13=\underline{6}\times7+\underline{6}$

🟢 식 ㉠: 5×6, ㉡: $6\times7+6$

5

📷 문제 그리기

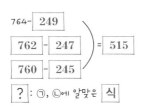

$$764-\boxed{249}$$

$$\boxed{762}-\boxed{247}\Bigg)=\boxed{515}$$

$$\boxed{760}-\boxed{245}$$

$\boxed{?}$: ㉠, ㉡에 알맞은 $\boxed{식}$

🔳 계획-풀기

❶ 빼지는 수와 빼는 수가 각각 2씩 작아지는 규칙이므로

$(760-2)-(245-2)=515 ⇨ 758-243=515$

❷ $(758-2)-(243-2)=515 ⇨ 756-241=515$

🟢 식 ㉠: $758-243=515$, ㉡: $756-241=515$

6

📷 문제 그리기

첫째 $444-\boxed{333}+111=222$

둘째 $\boxed{555}-\boxed{444}+222=\boxed{333}$

셋째 $\boxed{666}-\boxed{555}+\boxed{333}=\boxed{444}$

넷째 $\boxed{777}-\boxed{666}+\boxed{444}=\boxed{555}$

$\boxed{?}$: 계산 결과가 $\boxed{888}$ 이 되는 계산식

🔳 계획-풀기

❶ 계산 결과보다 222만큼 더 큰 수에서 계산 결과보다 111만큼 더
큰 수를 빼고 다시 계산 결과보다 111만큼 더 작은 수를 더하는
식입니다.

❷ 888보다 222만큼 더 큰 수: $888+222=1110$

888보다 111만큼 더 큰 수: $888+111=999$

888보다 111만큼 더 작은 수: $888-111=777$

⇨ $1110-999+777=888$

🟢 식 $1110-999+777=888$

7

📷 문제 그리기

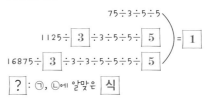

$$75\div3\div5\div5$$

$$1125\div\boxed{3}\div3\div5\div5\div\boxed{5}\Bigg)=\boxed{1}$$

$$16875\div\boxed{3}\div3\div3\div5\div5\div5\div\boxed{5}$$

$\boxed{?}$: ㉠, ㉡에 알맞은 $\boxed{식}$

🔳 계획-풀기

❶ 보기 의 나눗셈식에서 규칙을 찾아보면 이전 나눗셈식에서 처
음 수를 $3\times5=15$(배) 한 수를 3과 5로 한 번씩 더 나누어 계산
결과를 1로 만드는 식입니다.

❷ 이전 나눗셈식에서 처음 수를 $3\times7=21$(배) 한 수를 3과 7로 한
번씩 더 나누어 계산 결과를 1로 만드는 식이므로

$147\times21=3087$, $3087\div3\div3\div7\div7\div7=1$

$3087\times21=64827$, $64827\div3\div3\div3\div7\div7\div7\div7=1$

🟢 식 ㉠: $3\div7\div7\div7$

㉡: $64827\div3\div3\div3\div7\div7\div7\div7$

8

📷 문제 그리기

첫째	$10\times66=660$		
둘째	$\boxed{100}\times666=\boxed{666}$ 00		
셋째	$\boxed{1000}\times\boxed{6666}=\boxed{6666}$ 000		

$\boxed{?}$: $\boxed{넷}$째에 알맞은 곱셈식

🔳 계획-풀기

❶ 곱해지는 수는 10배씩 커져서 0이 하나씩 늘어나고, 곱하는 수
를 이루는 6은 1개씩 늘어나며, 두 수를 곱한 계산 결과에서 6과
0도 하나씩 늘어나는 규칙입니다.

❷ 넷째 곱셈식에서 곱해지는 수는 0이 4개, 곱하는 수는 6이 5개
이고, 두 수를 곱한 계산 결과는 6이 5개, 0이 4개이므로
$10000\times66666=666660000$입니다.

🟢 식 $10000\times66666=666660000$

9

게임	모바일	보드	블록	카드	합계
학생 수(명)	11	▲+3	6	▲	40

? : 보드 게임과 카드 게임을 좋아하는 학생 수

📊 계획-풀기

❶ 보드 게임을 좋아하는 학생 수는 카드 게임을 좋아하는 학생 수보다 3명 더 많으므로 카드 게임을 좋아하는 학생 수를 ■명이라 하면 보드 게임을 좋아하는 학생 수는 (■＋3)명입니다.

❷ 전체 학생 수가 40명이고, ❶을 이용하여 식을 세우면
11＋(■＋3)＋6＋■＝40, ■＋■＋20＝40, ■＋■＝20,
■＝10
따라서 카드 게임을 좋아하는 학생은 10명이고, 보드 게임을 좋아하는 학생은 10＋3＝13(명)입니다.

📌 **보드 게임: 13명, 카드 게임: 10명**

10

📷 문제 그리기

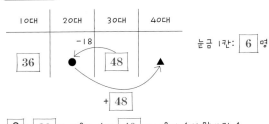

? : 20 대 이용자 수와 40 대 이용자 수의 막대 칸 수, 전체 이용자 수

📊 계획-풀기

❶ (20대 이용자 수)＝(30대 이용자 수)－18＝48－18＝30(명)
이므로 20대 이용자 수의 막대는 30÷6＝5(칸)입니다.
(40대 이용자 수)＝(20대 이용자 수)＋42＝30＋42＝72(명)
이므로 40대 이용자 수의 막대는 72÷6＝12(칸)입니다.

❷ (전체 이용자 수)＝36＋30＋48＋72＝186(명)

📌 **20대: 5칸, 40대: 12칸, 전체: 186명**

11

📷 문제 그리기

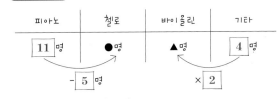

? : 민준이네 반에서 악기를 연주할 수 있는 학생 수

📊 계획-풀기

❶ 기타를 연주할 수 있는 학생이 4명이므로 첼로를 연주할 수 있는 학생 수는 4×2＝8(명)입니다.

❷ 피아노를 연주할 수 있는 학생이 11명이므로 바이올린을 연주할 수 있는 학생 수는 11－5＝6(명)입니다.

❸ (악기를 연주할 수 있는 학생 수)＝11＋6＋8＋4＝29(명)

📌 **29명**

12

📷 문제 그리기

	호랑이	침팬지	판다	곰	
3학년	28	12	32	24	합계 같음
4학년	16	24	▲	36	

? : 판다를 좋아하는 4 학년 학생 수

📊 계획-풀기

❶ 세로 눈금 한 칸은 20÷5＝4(명)을 나타내므로
(3학년 학생 수)＝28＋12＋32＋24＝96(명)

❷ 판다를 좋아하는 4학년 학생 수를 □명이라 하면
(4학년 학생 수)＝(3학년 학생 수)이므로
16＋24＋□＋36＝96, □＋76＝96, □＝20

📌 **20명**

13

📷 문제 그리기

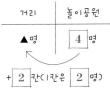

? : 눈금 한 칸이 1 명인 막대그래프로 다시 나타낼 때 거리 에서 그림을 그리고 싶은 학생의 막대 칸 수

📊 계획-풀기

❶ (거리에서 그림을 그리고 싶은 학생의 막대 칸 수)
＝(놀이공원에서 그림을 그리고 싶은 학생의 막대 칸 수)＋2
＝2＋2＝4(칸)

❷ 눈금 한 칸은 6÷3＝2(명)을 나타내므로 거리에서 그림을 그리고 싶은 학생 수는 4×2＝8(명)입니다.
따라서 눈금 한 칸이 1명인 막대그래프로 다시 나타낸다면 학생 수와 막대 칸 수가 같아야 하므로 거리에서 그림을 그리고 싶은 학생의 막대는 8칸입니다.

📌 **8칸**

14

문제 그리기

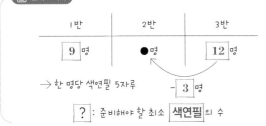

	1반	2반	3반
	9 명	● 명	12 명

→ 한 명당 색연필 5자루

−3 명

?: 준비해야 할 최소 색연필 의 수

계획-풀기

❶ (2반에서 2단 뛰기를 50번보다 많이 한 학생 수)
= (3반에서 2단 뛰기를 50번보다 많이 한 학생 수)−3
= 12−3=9(명)

❷ 4학년에서 반별 2단 뛰기를 50번보다 많이 한 학생은 1반이 9명, 2반이 9명, 3반이 12명이므로 2단 뛰기를 50번보다 많이 한 학생 수는 9+9+12=30(명)입니다.

❸ 한 명당 색연필을 5자루씩 준다면 학교에서 준비해야 하는 색연필은 적어도 30×5=150(자루)입니다.

답 150자루

15

문제 그리기

╱ 방향: 9 − 15 − 21 − ▲ − ㉠

╲ 방향: 5 − 13 − 21 − ● − ㉡

?: ㉠과 ㉡ 에 알맞은 두 수의 합

계획-풀기

❶ 9, 15, 21에서 6씩 커지는 규칙이므로 ㉠은 9부터 6씩 4번 커진 수이므로 9+24=33입니다.

❷ 5, 13, 21에서 8씩 커지는 규칙이므로 ㉡은 5부터 8씩 4번 커진 수이므로 5+32=37입니다.

❸ ㉠+㉡=33+37=70

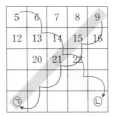

5	6	7	8	9
12	13	14	15	16
	20	21	22	

답 70

16

문제 그리기

233에서 ╲ 방향으로

543 에서 ╱ 방향으로 → 수들에 선 긋기(위 표에)

?: 조건을 만족하는 수 의 배열에서 가장 큰 수와 가장 작은 수의 차

계획-풀기

❶ 233부터 110씩 커지는 수이므로
233, 343, 453, 563, 673

❷ 543부터 90씩 작아지는 수이므로
543, 453, 363, 273, 183

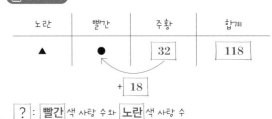

133	143	153	163	173	183 ← 가장 작은 수
233	243	253	263	273	283
333	343	353	363	373	383
433	443	453	463	473	483
533	543	553	563	573	583
633	643	653	663	673	683

가장 큰 수

❸ (가장 큰 수)−(가장 작은 수)=673−183=490

답 490

STEP 3 내가 수학하기 한 단계 UP!

식 세우기, 표 만들기, 규칙 찾기, 문제정보 복합적으로 나타내기

147~154쪽

1

문제 그리기

	노란	빨간	주황	합계
	▲	●	32	118

+ 18

?: 빨간 색 사탕 수와 노란 색 사탕 수

계획-풀기

가로 눈금 한 칸은 10÷5=2(칸)을 나타내므로 주황색 사탕은 32개입니다.

(빨간색 사탕 수)=(주황색 사탕 수)+18=32+18=50(개)

(노란색 사탕 수)
=(전체 사탕 수)−(빨간색 사탕 수)−(주황색 사탕 수)
=118−50−32=36(개)

답 빨간색: 50개, 노란색: 36개

2

문제 그리기

	어린이날	성탄절	설날	추석	한글날
칸 수	7	9	3	6	1

?: 세로 한 칸을 3 명으로 하는 막대그래프에서 어린이날

과 성탄절의 막대 칸 수

세로 눈금 한 칸은 $30 \div 5 = 6$(명)을 나타냅니다.
(어린이날을 가장 좋아하는 학생 수)$= 7 \times 6 = 42$(명)
(성탄절을 가장 좋아하는 학생 수)$= 9 \times 6 = 54$(명)
따라서 세로 눈금 한 칸을 3명으로 나타내는 막대그래프에서 어린
이날의 막대 칸 수는 $42 \div 3 = 14$(칸), 성탄절의 막대 칸 수는
$54 \div 3 = 18$(칸)입니다.

📝 **어린이날: 14칸, 성탄절: 18칸**

3

문제 그리기

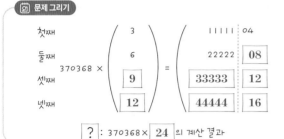

? : $370368 \times \boxed{24}$ 의 계산 결과

계획-풀기

곱하는 수가 3의 몇 배인지에 따라 계산 결과의 수의 나열이 정해집
니다. 곱하는 수가 3의 ■배이면 곱의 십의 자리와 일의 자리에 4의
■배를 쓰고, 백만의 자리부터 백의 자리까지는 모두 ■를 씁니다.
따라서 곱하는 수 24는 3의 8배이고 $4 \times 8 = 32$이므로 곱의 십의 자
리와 일의 자리에 32, 백만의 자리부터 백의 자리까지 8을 쓰면
$370368 \times 24 = 8888832$입니다.

📝 **8888832**

4

문제 그리기

첫째	둘째	셋째	넷째
I	1+3	1+$\boxed{3}$+$\boxed{5}$	1+$\boxed{3}$+$\boxed{5}$+$\boxed{7}$

? : $\boxed{아홉}$ 째 모양을 쌓을 때 필요한 모형의 수

계획-풀기

첫째: 1 ⇨ 1×1
둘째: $1+3 = 4$ ⇨ 2×2
셋째: $1+3+5 = 9$ ⇨ 3×3
넷째: $1+3+5+7 = 16$ ⇨ 4×4
　　　　　…
아홉째: $1+3+5+7+9+11+13+15+17$ ⇨ 9×9
따라서 아홉째 모양을 쌓을 때 필요한 모형은 $9 \times 9 = 81$(개)입니다.

📝 **81개**

5

문제 그리기

승강기	어른 1명: $\boxed{70}$ kg
$\boxed{360}$ kg까지	어린이 1명: $\boxed{34}$ kg

? : 승강기에 어른과 $\boxed{어린이}$가 가능한 한 많이 탈 수 있는 방법의 수

계획-풀기

승강기에 어른과 어린이가 탈 수 있는 방법을 표로 나타내면

어른 수(명)	0	1	2	3	4	5
어른 몸무게(kg)	0	70	140	210	280	350
어린이 수(명)	10	8	6	4	2	0
어린이 몸무게(kg)	340	272	204	136	68	0
전체 몸무게(kg)	340	342	344	346	348	350

⇨ 승강기에 어른과 어린이가 가능한 한 많이 탈 수 있는 방법은 모
두 6가지입니다.

📝 **6가지**

6

문제 그리기

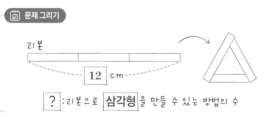

? : 리본으로 $\boxed{삼각형}$ 을 만들 수 있는 방법의 수

계획-풀기

삼각형을 만들 수 있는 세 변의 길이를 표로 나타내면

한 변의 길이(cm)	5	5	4
다른 변의 길이(cm)	5	4	4
또 다른 변의 길이(cm)	2	3	4

⇨ 만들 수 있는 삼각형은 모두 3가지입니다.

📝 **3가지**

7

문제 그리기

보라색 $\boxed{3}$ 개, 회색 $\boxed{1}$ 개

? : $\boxed{한}$ 줄로 놓아 전구로 장식하는 $\boxed{방법}$ 의 수

계획-풀기

보라색 전구 3개와 회색 전구 1개를 한 줄로 놓는 방법을 표로 나타
내면

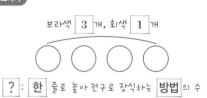

순서	한 줄로 놓는 전구			
첫째	보라색	보라색	보라색	회색
둘째	보라색	보라색	회색	보라색
셋째	보라색	회색	보라색	보라색
넷째	회색	보라색	보라색	보라색

⇨ 보라색 전구와 회색 전구를 옆으로 길게 한 줄로 놓아 장식하는
방법은 모두 4가지입니다.

📝 **4가지**

8

📷 문제 그리기

	첫째	둘째	셋째	넷째
흰색	(1×1)×4	(2×2)× 4	(3 × 3)×4	(4 × 4)× 4
검은색	5	5+ 4	5+ 4 + 4	5+ 4 + 4 + 4

? : 여덟 째 도형의 흰색 사각형의 수와 검은 색 사각형 수

🔲 계획-풀기

표에 흰색 사각형 수와 검은색 사각형 수를 식으로 나타내면

순서	첫째	둘째	셋째	넷째	다섯째
흰색 사각형 수(개)	1×1×4	2×2×4	3×3×4	4×4×4	5×5×4
검은색 사각형 수(개)	1×4보다 1만큼 더 큰 수	2×4보다 1만큼 더 큰 수	3×4보다 1만큼 더 큰 수	4×4보다 1만큼 더 큰 수	5×4보다 1만큼 더 큰 수

■번째 흰색 사각형 수는 ■×■×4이므로
8번째 흰색 사각형 수는 8×8×4=256(개)
■번째 검은색 사각형 수는 ■×4보다 1만큼 더 큰 수이므로
8번째 검은색 사각형 수는 8×4=32, 32+1=33(개)

🔲 **흰색: 256개, 검은색: 33개**

9

📷 문제 그리기

8127	2160	●	301

		301	602	1204	♥

? : ● , ♥ 에 알맞은 수

🔲 계획-풀기

첫째 줄의 수는 8127부터 시작하여 3으로 나눈 몫이 오른쪽에 있는
규칙이고, 둘째 줄의 수는 301부터 시작하여 2를 곱한 계산 결과가
오른쪽에 있는 규칙입니다.
●=2709÷3=903, ♥=1204×2=2408

🔲 **●: 903, ♥: 2408**

10

📷 문제 그리기

	첫째	둘째	셋째	넷째
초록색	1	1+2	1+2+ 2	1+2+ 2 + 2
주황색	1	1+ 1	1+1+ 1	1+1+ 1 + 1

? : 여섯 째에 알맞은 도형, 초록색 정사각형 수와 주황 색 정
사각형 수

11번 관련

🔲 계획-풀기

초록색 정사각형은 2개씩 늘어나고, 주황색 사각형은 ╱ 방향으로
1개씩 늘어나는 규칙입니다.
■번째 초록색 정사각형 수는 ■×2보다 1만큼 더 작은 수이므로
여섯째 초록색 정사각형 수는 6×2=12, 12−1=11(개)이고,
■번째 주황색 정사각형 수는 ■이므로
여섯째 주황색 정사각형 수는 6개입니다.

🔲 여섯째

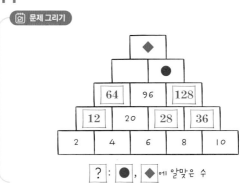

, **초록색: 11개, 주황색: 6개**

11

📷 문제 그리기

	64	96	128
12	20	28	36
2	4	6	8	10

? : ● , ◆ 에 알맞은 수

🔲 계획-풀기

아랫줄에서 윗줄로 올라가면서 수가 커지므로 덧셈과 곱셈을 이용
한 규칙을 생각합니다.
2와 4 ⇨ 12, 4와 6 ⇨ 20, 6과 8 ⇨ 28, 8과 10 ⇨ 36
12와 20 ⇨ 64, 20과 28 ⇨ 96, 28과 36 ⇨ 128
두 수의 합에 2배 한 값을 윗줄에 쓰는 규칙이므로
64와 96 ⇨ 64와 96의 합에 2배 하면 320
96과 128 ⇨ ●: 96과 128의 합에 2배 하면 448
64와 96 ⇨ 320이므로
320과 448 ⇨ ◆: 320과 448의 합에 2배 하면 1536

🔲 **●: 448, ◆: 1536**

12

📷 문제 그리기

5+6=2× 5 + 1

5+6+7=3× 5 + 3

5+6+7+8= 4 × 5 + 6

5+6+7+ 8 + 9 = 5 × 5 + 10

? : ㉠ , ㉡ 에 알맞은 식

5+6: 더한 수의 개수가 2개 ⇨ 5+6=2×5+1
5+6+7: 더한 수의 개수가 3개 ⇨ 5+6+7=3×5+3
5+6+7+8: 더한 수의 개수가 4개 ⇨ 5+6+7+8=4×5+6
5+6+7+8+9: 더한 수의 개수가 5개
⇨ 5+6+7+8+9=5×5+10

오른쪽 계산식에서 첫째 계산식부터 적용되는 규칙은 더한 수의 개수인 2에 5를 곱하고, 그 곱한 수에 더하는 수는 1입니다. 둘째 계산식에서 더하는 수는 첫째 계산식에서 더하는 수에 2를, 셋째 계산식에서 더하는 수는 둘째 계산식에서 더하는 수에 3을, 넷째 계산식에서 더하는 수는 셋째 계산식에서 더하는 수에 4를 더하는 규칙입니다.

5+6+7+8+9+10: 더한 수의 개수가 6개
⇨ 5+6+7+8+9+10=6×5+15
                        10+5
5+6+7+8+9+10+11: 더한 수의 개수가 7개
⇨ 5+6+7+8+9+10+11=7×5+21
                           15+6

🔢 ㉠: 6×5, ㉡: 7×5+21

13

28÷7÷[2]=[1]

392÷7÷7÷[2]÷[2]=[1]

[5488]÷7÷7÷[7]÷[2]÷[2]÷[2]=[1]

[?]: ㉠, ㉡에 알맞은 [식]

보기 의 나눗셈식에서 규칙을 찾아보면 이전 나눗셈식에서 처음 수를 392÷28=14(배) 한 수를 7과 2로 한 번씩 더 나누어 계산 결과를 1로 만드는 식입니다.
이전 나눗셈식에서 처음 수를 5×3=15(배) 한 수를 5와 3으로 한 번씩 더 나누어 계산 결과를 1로 만드는 식이므로
45×15=675, 675÷5÷5÷3÷3÷3=1
675×15=10125, 10125÷5÷5÷5÷3÷3÷3÷3=1

🔢 ㉠: 675÷5÷5÷3÷3÷3=1
    ㉡: 10125÷5÷5÷5÷3÷3÷3÷3=1

14

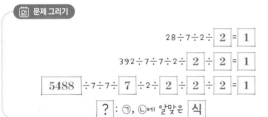

주제	친구	동물	게임	독서	합계
학생 수 (명)	6	▲	11	●	32

                    +7

[?]: 토론하고 싶은 주제가 [동물]인 모둠의 학생 수와 [독서]인 모둠의 학생 수

세로 눈금 한 칸은 5÷5=1(명)을 나타냅니다.
토론하고 싶은 주제가 친구인 모둠의 학생은 6명, 게임인 모둠의 학생은 11명이므로
(동물)+(독서)=(전체)-(친구)-(게임)=32-6-11=15(명)입니다.
토론하고 싶은 주제가 독서인 모둠의 학생 수를 □명이라 하면 동물인 모둠의 학생 수는 (□+7)명이므로
□+7+□=15, □+□=15-7, □+□=8, □=4
(동물)=□+7=4+7=11(명)

🔢 동물: 11명, 독서: 4명

15

왼쪽 위에서 시작하여 정사각형이 오른쪽으로 [1]개, 아래쪽으로 [2]개씩 번갈아 가며 늘어나는 규칙입니다.

[?]: 다섯째와 [여섯]째에 알맞은 도형에서 각각의 [정사각형] 수

다섯째 도형은 넷째 도형의 아래쪽으로 정사각형 2개를 더 색칠하면 되고, 여섯째 도형은 다섯째 도형의 오른쪽에 정사각형 1개를 더 색칠하면 됩니다.

넷째   다섯째   여섯째

⇨ 다섯째 도형에서 정사각형의 수: 5+2=7(개)
   여섯째 도형에서 정사각형의 수: 7+1=8(개)

🔢 다섯째: 7개, 여섯째: 8개

16

	코코아	콜라	사이다	레몬주스
500원짜리(개)	2	1	1	3
100원짜리(개)	2	3	2	1

[?]: 코코아 [2]잔과 레몬주스 [1]잔을 뽑기 위해 필요한 500원짜리 동전 수와 100원짜리 동전 수

코코아 1잔: 500원짜리 동전 2개와 100원짜리 동전 2개
코코아 2잔: 500원짜리 동전 4개와 100원짜리 동전 4개
레몬주스 1잔: 500원짜리 동전 3개와 100원짜리 동전 1개
코코아 2잔과 레몬주스 1잔: 500원짜리 동전 4+3=7(개)와 100원짜리 동전 4+1=5(개)
100원짜리 동전은 4개까지만 넣을 수 있으므로 100원짜리 동전 5개는 500원짜리 동전 1개로 바꿀 수 있습니다.
따라서 코코아 2잔과 레몬주스 1잔을 뽑을 때 500원짜리 동전 7+1=8(개)만 필요합니다.

🔢 500원짜리: 8개, 100원짜리: 0개

1 여러 가지 경우를 생각해야 하는 경우는 표를 이용하여 문제를 해결합니다. '달', '정', '지', '희'를 모두 사용하고 '달'을 처음에 오게 하여 지을 수 있는 유기견의 이름을 표로 나타내면

순서	이름					
첫째	달	달	달	달	달	달
둘째	정	정	지	지	희	희
셋째	지	희	정	희	정	지
넷째	희	지	희	정	지	정

➡ 6가지

이와 같은 방법으로 '정', '지', '희'를 처음에 오게 하여 지을 수 있는 유기견의 이름도 각각 6가지씩입니다.
따라서 네 글자를 한 번씩 모두 사용하여 지을 수 있는 유기견의 이름은 모두 6×4=24(가지)입니다.

🅐 **24가지**

2 21송이나 십각형과 같이 수가 크거나 복잡한 경우는 수가 작은 경우로 생각하는 단순화하기 전략을 이용하여 해결합니다.
삼각형이나 사각형 모양의 꽃밭 둘레에 튤립을 한 변에 4송이씩 심을 때 각각 필요한 튤립 수를 알아보면

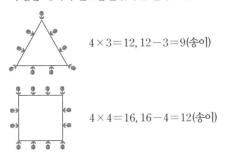

$4 \times 3 = 12, 12 - 3 = 9$(송이)

$4 \times 4 = 16, 16 - 4 = 12$(송이)

한 변에 심는 튤립 수를 변의 수만큼 심는다고 하면 꼭짓점에는 2번씩 심게 되므로 빼 줘야 합니다.
전체 튤립 수는 (한 변에 심으려는 튤립 수)×(변의 수)에서 꼭짓점의 수를 빼 주면 됩니다.
육각형 모양의 꽃밭 둘레에 튤립을 한 변에 21송이씩 심었으므로 튤립은 $21 \times 6 = 126, 126 - 6 = 120$(송이)입니다.
따라서 십각형 모양의 꽃밭 둘레에 튤립을 한 변에 $120 \div 10 = 12, 12 + 1 = 13$(송이)씩 심어야 합니다.

🅐 **13송이**

3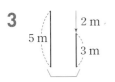

1일 3 m → 24 m □일

흙을 하루에 $5 - 2 = 3$ (m)씩 매일 쌓을 때 성의 높이를 찾습니다.

높이가 24 m인 성을 짓는 데 걸리는 날수를 □일이라 하면 $3 \times \square = 24, \square = 24 \div 3 = 8$에서 8일이 걸립니다.
따라서 9일째 5 m만큼 더 쌓으면 되므로 흙을 쌓아 높이가 29 m인 성을 지으려면 9일이 걸립니다.

🅐 **9일**

4

문제정보를 사용하여 가능한 경우를 표로 나타내면

학생	경우 1	경우 2
시연	콜라	콜라
도현	물	물
정우	코코아	우유
준서	우유	코코아

네 사람이 마시던 음료는 시연이가 콜라, 도현이가 물, 정우가 코코아, 준서가 우유인 경우와 시연이가 콜라, 도현이가 물, 정우가 우유, 준서가 코코아인 경우로 모두 2가지입니다.

🅐 **2가지**

1 새우 72마리를 삼각형 모양으로 놓은 접시의 각 변에 세 문어가 각각 48마리, 24마리, 32마리씩 놓는 방법은

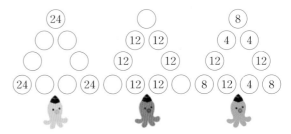

이 방법 외에도 각 변의 새우 수가 같으면 맞는 답입니다.

🅐 **풀이 참조**

2 (닭 2마리)=(사과 3개)이므로 (사과 6개)=(닭 4마리)
(수박 4개)=(닭 4마리와 사과 3개)이므로
(수박 8개)=(닭 8마리와 사과 6개)
(사과 6개)+(수박 8개)
　=(닭 4마리)+(닭 8마리와 사과 6개)
　=(닭 4마리)+(닭 12마리)
　=(닭 16마리)
따라서 사과 6개와 수박 8개는 닭 16마리와 교환할 수 있습니다.

🅐 **16마리**

KC마크는 이 제품이
공통안전기준에
적합함을 의미합니다.

ISBN 979-11-6822-362-2 63410